KB039524

긍정심리로 보는 영화 이야기

# 영화를 보면 생기는일

# 영화를 보면
# 생기는 일

## 긍정심리편

임연재 앤디황 지음

드림북

# 머리글

사람들은 모두 행복하기를 원하고 행복을 위해 삶의 고달픔도, 고통도 이겨내면서 산다. 그런데 어떻게 하면 행복할 수 있는지는 잘 모르는 것 같다. 그저 지금 열심히 살면 언젠가는 행복할 수 있을 거라고 믿는다. 사람 대부분은 내가 무엇을 좋아하고, 잘하는지 또한 무엇을 하면서 사는 것이 행복한지 잘 모른다. '당신의 강점(장점)이 무엇이라 생각하세요?'라고 물어보면 금방 대답하는 사람은 별로 없으며 막연해한다. 그러나 '당신의 약점은요?'라고 물어보면 그건 대체로 잘 얘기한다. 왜 그럴까? 사람에게는 부정편향성이 있기 때문이라고 한다.

하루에 인간은 50~60만 가지의 생각을 하며, 그중에서 부정적인 생각은 대략 70%, 긍정적인 생각은 30%를 차지한다고 한다. 그것만 보더라도 그냥 생각하는 대로 내버려 두면 우린 자연스럽게 부정으로 떠내려간다. 긍정심리학은 우리가 부정에서 긍정으로 나아가려는 방법 중 자신의 강점을 찾아 그 강점을 일상생활에서 적용하면서 살 때 행복해질 수 있다고 한다.

이 책은 긍정심리학의 6개의 덕목과 24가지 강점을 설명하였으며 독자들에게 이해를 도우려고 24개의 영화를 선정해 각각의 영화 속 주인공들이 어떻게 삶에서 자신의 강점을 발휘하며 살고 있는지를 볼 수 있도록 제시하였다. 24개의 영화는 주인공들의 강점들을 쉽게 들여다볼 수 있도록 한가지 강점에만 맞추어 설명하였다. 영화는 오감을 통해 충분히 느낄 수 있는 도구이다. 이 책은 영화를 통해 긍정심리를 보여주는 것이 학습적인 면에서도 효과가 크다고 생각한다. 요즘처럼 힘든 시대를 살면서 삶을 잘 꾸려나가기 위해서는 긍정심리가 그 무엇보다 절실하다. 그래서 많은 사람이 좋아하는 영화를 통해서 긍정을 배워 나갈 수 있는 지침서가 될 수 있기를 바란다.

모든 사람이 좀 더 행복해지기를 바라며….

2022년 가을
앤디황, 임연재

# 목차 Contents

# Part 2. 적용

## 첫 번째 덕목: 지혜와 지식 wisdom & knowledge

## 두 번째 덕목: 용기 courage

## 세 번째 덕목: 인간애 humanity

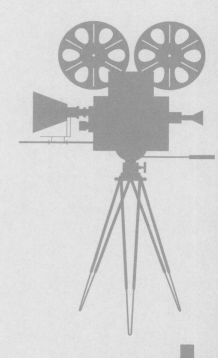

# 도입

# 도입

맛있는 밥을 먹을 때, 사랑하는 사람을 만나 결혼을 할 때, 가족과 어디론가 여행을 갈 때, 재미있는 영화를 볼 때 등 행복幸福, happiness[1])의 모양은 사람마다 다르다는 것을 알 수 있다. 행복을 추구하는 것은 꽤 철학적인 주제다. 이러한 철학적인 주제를 연구하는 학문이 긍정심리학positive psychology이다. 긍정심리학은 행복을 과학적으로 연구하는 학문으로서 '어떻게 좀 더 행복해질 수 있을까?'라는 주제를 가지고 인간의 긍정 감각이나 삶의 만족도를 높일 수 있도록 돕는 학문이다. 긍정심리학은 개인과 사회가 번영할 수 있게 하는 덕목과 강점을 연구하는 심리학의 최신 분야이다. 긍정심리학자들은 사람에게서 천재성과 재능을 찾아 양육하는 것과 평범한 인생을 좀 더 만족스럽게 하는 것을 추구한다(Compton, 2005). 그들은 인간의 주관적인 경

---

1) 행복이란 "희망을 그리는 상태에서의 좋은 감정으로 심리적인 상태 및 이성적 경지 또는 자신이 원하는 욕구와 욕망이 충족되어 만족하거나 즐거움과 여유로움을 느끼는 상태, 불안감을 느끼지 않고 안심해야 하는 것"이라고 정의하고 있다. 출처: 위키백과 https://ko.wikipedia.org/

험을 이해하고 가치를 인정하는 것의 중요성을 인지하고 있다. 여기서 주관적인 것은 개인적인 경험이다. 다시 말해서 개인의 과거에 대한 만족, 현재에 대한 행복 및 미래에 대한 기대와 낙관적 태도를 의미하는 것이다(Seligma & Csikszentmihalyi, 2000).

사람들은 행복하기 위해 긍정적 정서를 추구한다. 그런데 개인의 정서를 쉽게 자극할 수 있는 매체는 아마도 영화일 것이다. 영화라는 매체는 어떤 형태의 예술보다 인간의 심리와 그에 따른 행동 양식을 잘 보여줄 수 있다. 영화는 모든 것을 가능케 하는 힘을 가졌고, 보는 것만으로도 행복해질 수 있다. 특히 영화를 통해 얻을 수 있는 긍정적 정서는 감동과 재미이다. 영화는 실제로 일어날 것만 같은 이야기들을 시간과 공간을 초월하여 극화(劇化)로 만들어지기 때문에 사람들의 감정을 쉽게 건드릴 수 있다. 영화는 무엇인가를 연결하는 도구처럼 다양한 영화 속 이야기들을 나의 이야기처럼 느끼게 만들고, 주인공을 통한 감정 이입을 나와 동일시하면서 그 영화에 몰입하게 된다. 영화 장면에서 느꼈던 그 순간을 내가 가지고 있는 감정 속에 재연해 보고 싶어 한다. 그때의 그 감정을 기억하면 늘 마음속에 가지고 있는 것이 하나의 추억거리가 되고, 자기 정서를 이해하는 하나의 도구로 사용되는 경우도 많다.

영화 속 이야기와 영화 밖 나의 이야기를 활용하여, 사람들의 심리상태를 더욱 쉽게 파악하고 치유를 돕는 〈영화치료cinematherapy〉가 있다. 훈련된 심리치료사가 영화로 치료법을 사용하는 창조적인 치료 기법이다. 영화를 통해 사람 마음의 이야기를 읽어내고 그 사람 마음속에 있는 이야기를 들어주고, 지지해주면 심리적인 안정감을 받게 된다. 자기를 이해하고 통찰하는 과정을 경험하게 되면 치유의 효과를 볼 수 있다. 그러므로 영화치료는 치료 과정을 위해 영화에 대한 내담자의 경험들을 사용하는 혁신적인 치료 방법이라고 할 수 있다. 자기가 생각하는 인물에 대한 평가, 즉 어떤 인물에게 마음이 가고 인물 속의 대상을 두고 누구를 비난하고 누구를 지지하느냐에 따라서 내담자의 심리를 파악할 수 있다.

영화 속 등장인물의 심리적인 강점을 우리는 영화 속에서 쉽게 찾아볼 수 있다. 이런 접근법은 긍정심리학과 결합하거나 통합하면 매우 유용하다. 영화는 시청 경험으로 내담자를 끌어들이는 동시에 종종 실생활보다 더 쉽게 관찰자의 관점으로 경험 밖의 관점을 가지게 되는 독특한 기회를 제공하게 된다. 영화는 인간 행동의 많은 측면과 아울러 인간 마음의 미묘한 부분들까지도 묘사한다. 영화의 등장인물들은 훌륭한 덕목과 강점, 성장의 본이 될 때가 많으므로, 이러한 영화들은 인간의 긍정심리를 위한 자연스러운 매개체가 될 수 있다.

Part 1.
# 이론

# Part 1. 이 론

## 긍정심리학

긍정심리학은 인간의 긍정적인 심리 번영에 대한 과학적 연구와 최적의 기능에 대해 응용적으로 접근한 학문이다(Seligman, 2002b). 긍정심리학자들은 어떤 것들이 정말로 행복한 삶, 쾌적한 삶, 적극적인 삶, 의미 있는 삶을 만들고, 이러한 삶이 과연 장려될 수 있는지에 초점을 맞춘 많은 주제를 연구해왔다. 지난 수십 년 동안 연구자들은 노력과 번영을 만들어내는 근본적인 과정이 무엇인지 이해하기 위한 많은 연구가 수행되었다. 건강, 즐거움, 행복, 긍정적인 경험, 그리고 성격의 강점을 포함한 많은 분야가 연구되었다. 어떤 연구는 많은 사람이 그들의 약점보다 장점을 파악하고 노력함으로써 더 많은 것을 얻게 된다고 했다.

마틴 셀리그만Martin Seligman과 미하이 칙센트미하이Mihaly Czikszentmihalyi는 긍정심리학을 다음과 같은 방법으로 정의하였다.

"주관적인 수준에서 긍정심리학의 분야는 가치 있는 개인적 경험에 관한 것이다. 이 경험들은 과거에서는 행복과 만족감, 현재에서는 몰입과 행복, 그리고 미래에 대해서는 희망과 긍정이 있다. 개인적인 수준에서 긍정심리학 분야는 긍정적인 개인적 특성에 관한 것이다. 이러한 특성은 사랑의 능력과 직업적 능력, 용기, 대인관계 능력, 미적 감수성, 인내, 용서, 독창성, 미래 지향성, 영성, 뛰어난 재능과 지혜가 있다. 집단 수준에서 긍정심리학의 분야는 시민적 덕목들과 개인들을 좀 더 나은 시민성을 향해 나아가게 하는 제도들에 관한 것이다. 이러한 것으로는 책임감, 배려심, 이타심, 공손함, 중용, 관용, 그리고 근면함이 있다."(Seligman & Csikszentmihalyi, 2000, p. 5).

위와 같은 정의로 다음 세 가지 주요 관심사들을 기술할 수 있다.

첫 번째로, 긍정심리학은 주관적인 행복, 기쁨, 낙관 그리고 희망과 같은 긍정의 개인적 경험과 관심을 가진다.

두 번째로, 긍정심리학은 용기, 인내, 관용, 그리고 지혜 같은 성격의 강점과 덕목에 초점을 두고, 번영하는 사람들의 성격 특성을 연구하는 데 관심을 가진다.

세 번째로, 사회심리학적 수준에서 긍정심리학은 긍정적인 개인적 경험과 개인의 적응성 있는 성격 특성들을 지탱하고 강화해주는 사회적 긍정제도들의 요인을 확인하고, 연구하고, 강화하고자 한다.

## 긍정심리학의 시작

여러 가지 사례를 보더라도 긍정심리학은 인본주의 심리학humanistic psychology의 주요 요소를 기본으로 시작되었다. 에이브러햄 매슬로 Abraham Maslow, 칼 로저스Carl Rogers, 그리고 에리히 프롬Erich Fromm 과 같은 인본주의 심리학자들 역시 인간의 행복과 관련된 성공적인 이론과 실습을 개발했다. 자아실현에 대한 매슬로의 연구는 긍정심리학 운동에 앞서 구축된 기반으로 간주한다. 그는 개인의 성장[1]과 최고의 경험[2]과 같은 개념을 거론했고, 자아실현을 이룬 사람들에게서 긍정심리 개입에서 사용된 특성 강점과 비슷한 특징을 확인했다. 그는 셀리그만Seligman과 다른 학자들의 연구에서 사용한 것보다 40년 전에 처음으로 "긍정심리학"이라는 문구를 만들었다. 그래서 크리스토퍼 피터슨 Christopher Peterson과 셀리그만은 매슬로를 특성 강점과 덕목을 연구한 개척자로 믿었다.

또한, 칼 로저스Carl Rogers는 내담자 중심 치료에서 사람들이 진정한

---

1) 개인의 성장: 매슬로의 자아실현 욕구를 의미하고, 능력개발과 창의적 성취들이 포함된다.
2) 최고의 경험: 개인의 잠재력을 극대화할 수 있는 경험.

자아를 표현함으로써 삶을 향상할 수 있다는 이론에 근거를 두었다. 완전히 기능적인, 성숙한, 그리고 긍정적인 정신건강과 같은 개념들을 쉽게 문헌에서 찾아볼 수 있다. 이러한 인본주의 심리학자들이 개발한 인간 번영의 이론은 특히 자기 결정 이론 분야에서 인본주의 심리학자들과 긍정심리학자들의 연구를 바탕으로 실증적 근거로서 발전해왔다 (Patterson & Joseph, 2007).

긍정심리학자들의 관점에서 볼 때 지금까지 주류 심리학은 마음의 긍정적인 관점을 거의 탐구하지 않고, 정신질환을 치료하는 인간존재의 어두운 면에만 오랫동안 집착했었다. 지금까지 심리학자들은 좀처럼 무엇이 사람을 기쁘게 만드는지에 관해 관심을 두지 않았다. 대신 그들은 무엇이 사람들을 슬프게 하고, 무엇이 그들을 불안하게 하는지에 초점을 맞추었다. 그래서 심리학자들은 정신질환과 같은 부정적인 면만이 아니라 행복과 같은 긍정적인 면도 연구해야 한다고 생각하기 시작했다. 이렇게 해서 등장한 것이 긍정심리학Positive Psychology이다.

긍정심리학은 펜실베이니아 대학교 교수인 마틴 셀리그만Martin Seligman에 의해 창시되었다. 그가 이러한 불균형을 바로잡기 위해 인간의 긍정적인 심적 측면과 미덕과 강점을 과학적으로 연구하기 시작했다. 그는 1998년 신년사에서 "나는 미국이 병리학적 모델에 싫증이 나 있고 더 나은 삶을 만들고 싶어 한다고 믿는다. 나는 병리학적 모델을 추방하고 싶지는 않다. 그러나 우리는 인간의 강점들에 대해 말해줄 과학이 필요하다. … 손쓸 도리 없이 망가진 삶은 이제 그만 연구하고 모든 일이 잘될 것 같은 사람에게 초점을 맞추어야 한다."(김인자 외 역, 2016, p. 22)라고 선포하고, 미하이 칙센트미하이Mihaly Csikszentmihalyi, 레이 파울러Ray Fowler 등 심리학자들과 긍정심리 기초이론을 만들고, 〈미국심리학회지 American Psychology〉와 2002년에 「마틴 셀리그만의 긍정심리학(Authentic Happiness)」을 통해 세상에 알렸다(우문식 역, 2017).

제2차 세계 대전 이후의 심리학은 과학이 되었고, 주로 치유를 위해 헌신했으며 그것에만 집중되었다. 심리학은 마음의 약점과 손상을 연구하는 학문일 뿐만 아니라, 강점과 장점을 연구하는 학문이다. 치료는 단지 질병을 고치는 것이 아니라, 우리 안에 있는 가장 좋은 것을 길러내는 것이다. "긍정심리학이 주장하는 기본 가정은 인간에게는 질병, 질환, 고통이 발생하는 것과 같이 강점과 미덕, 탁월함도 주어진다는 것이다. 그래서 긍정심리학은 인간의 부정 감정이나 결점만큼이나 긍정적 감정이나 강점에도 관심을 둔다. 또한, 삶에서 잘못된 부분을 교정하는 것만큼 최상의 상태를 만드는 일에도 관심을 가지며, 고통받는 사람들의 상처를 치유하는 것만큼이나 사람들의 건강한 삶의 성취도에도 관심을 둔다."(김인자 외, 2016, p. 23).
셀리그만과 칙센트미하이는 그 전제를, 부정적 동기들이 진정한 것이고, 긍정적 감정들은 파생적이라는 것을 받아들였기에, 심리학이 병리학적 모델에 초점을 맞췄다고 추측했다. 어떤 면에서는, 부정적인 것에 대한 심리학의 관심은 부정적인 것과 긍정적인 감정 간의 생존 경쟁에서 갖는 가치의 차이를 반영하는 것일지도 모른다.

수년 동안 현재 미국의 대학들은 긍정심리학 강의를 제공해왔다. 2006년에 하버드 대학에서는 긍정심리학이 하버드 대학의 가장 인기 있는 수업이었고, 펜실베이니아 대학에는 학생들이 응용긍정심리학 석사학위를 받을 수 있는 대학원 과정이 있다. 상호 검토된 두 개의 과학 학술지[3]는 특히 긍정심리학을 구성하는 개념들을 다루고 있다. 짧은 기간 동안 긍정심리학은 번영했고 전 세계의 연구와 임상 실무에 영향을 끼쳤다. 이 움직임은 사람들의 행동을 보는 다른 방식을 제공함으로써, 많은 연구자, 학자들, 그리고 임상의들의 연구를 이끌었다. 평가, 이론, 연구와 실습을 다루는 긍정심리학 안내서는 현재 아주 많이 있다. 특정한 강점 기반의 연구는 기관들에서, 심리치료에서, 문서들에서, 그리고 강점 중심 치료로 불리는 이론적 모델들에서 떠오르고 있다. 특히 역사적이고 과학적인 행복 연구를 다루는 책과 기사들이 급증하고 있다.

---

3) The Journal of a Happiness Studies (published in the Netherlands) and The Journal of Positive Psychology.

# 낙관론, 긍정적인 감정과 가치의 장점

  관련 연구들은 낙관적이거나 행복한 사람들은 더 건강하고, 더 성공하며, 다른 사람보다 더 오래 산다는 것을 보여줘 왔다. 또한 긍정적인 감정과 신체적인 건강 사이의 관계를 보고했다. 셀리그만은 낙관론을 포함한 긍정적인 강점과 가치의 장점들에 대하여 다음과 같이 보고하고 있다(Seligman, 2002).

  "낙관론자들은 비관론자들보다 8년에서 9년 더 오래 산다. 첫 번째 심장마비를 겪고 살아난 사람 중, 가장 비관적인 사람들은 16명 중 15명이 8년 안에 사망하였지만, 가장 비관적이지 않은 사람들은 16명 중 오직 5명만이 8년 안에 사망하였다. 연구 결과들에 따르면, 비관적인 사람들은 자동차 사고, 가정 불행, 심지어 살인을 포함한 사고와 폭력에 더 쉽게 노출되는 것으로 나타난다. 유방암 진단을 받은 여성들에 관한 연구에서, 낙관적인 성향을 지닌 여성이 질병의 심각성을 인정할 가능성이 더 큰 것으로 보인다. 그들은 고통을 적게 느끼고, 고통에 대처하기 위해 적극적인 조처를 한다. 또 다른 연구에서, 연구자들은 낙관론자들이 혈액 내에 있는 질병에 대항하는 세포들의 수준이 비관론자들의 세포들에 비교해 더 높다는 것을 발견했다. 긍정적인 관점은 우리의 신경계를 조절해 면역체계를 강화하는 것으로 보인다.

연구자들은 대학 졸업 앨범의 사진들을 조사했다. 25년 후에, 앨범에서 더 진실하고 행복한 웃음을 지었던 사람들은 이혼한 경우가 더 적었고 부부생활에 대한 만족감이 더 컸다. 부정적인 것으로 조사된 사람들은 나쁜 일이 일어났을 경우 우울증을 겪을 확률이 2배에서 8배까지 높아지는 것으로 보인다. 어렸을 때 겪은 낙관적인 경험들은 우울증을 방지하게 도와준다. 비관적인 사람들은 할 수 있는 것이 없다고 생각하는 경우가 많고, 그로 인해 인생의 나쁜 일들을 피하려고 노력하지 않는다.

낙관론자들과 비관론자들은 나쁜 일들의 영구성과 지속성에 대해 다른 관점을 가지고 있다. 비관론자들은 나쁜 일들이 지속할 것이라고 믿는 경향이 있지만, 낙관론자들은 특정 영역에서 실패하더라도 다른 영역에서도 실패할 것이라고 일반화시키지 않는다. 낙관론과 비관론의 체계는 개인이 차질을 경험했을 때 그것에 대해 생각하는 방식, 즉 설명 양식이다. 그러므로 낙관론자들은 실패를 경험한 뒤 더 나아지고, 비관론자들은 더 악화한다. 낙관론은 최선을 다

하게 만든다. 이것은 최선을 다하는 것이 중요한 전문적인
직업들에서 성과를 낸다."

이렇듯 비관론자와 낙관론자의 운명에는 아주 큰 차이가 있다. 낙관
론자들은 비교적 건강하게 오래 사는 반면에 비관론자들은 몸과 마음
에 여러 가지 문제가 나타난다고 한다. 만약 과거에 무기력을 학습했
거나 아니면 불공평한 운명에 처해 비관적인 사람이 될 수 있다. 하지
만 기존의 틀에서 일단 벗어나면 다시 희망과 에너지를 얻어서 행동에
옮기고 변화를 일구어낼 수 있다. 속마음을 소모하던 기존의 부정적인
에너지를 건설적인 행동 에너지로 변화시키면 된다. 즉 작은 변화로도
크게 성장할 수 있다. 무언가를 바꾸고 싶다면 그것이 무엇이든지 용
감하게 뛰어서 배우면 된다. 자신의 마음만 바꾼다면 변화를 즐길 수
있고 기꺼이 도전을 받아들이고 능력을 발휘하는 활기찬 낙관주의자
가 될 수 있다.

## 긍정심리학, 몰입

'몰입flow'은 이제 긍정심리학에서 가장 중요한 개념 중 하나이다. 긍
정심리학자들이 받아들여지기까지 오랫동안 주류 심리학계에서 무시
당해왔다. 몰입은 매슬로Maslow와 로저스Rogers의 인본주의 심리학에

병합되었다. 몰입이라는 단어는 적극적인 활동을 동반하는 심리상태를 지칭하기 위해 칙센트미하이Csikszentmihalyi에 의해 처음으로 만들어졌다. 그것은 한 개인이 특정한 활동 중에 활발하게 집중, 완전히 몰두, 그리고 성공에 도달하는 것에 완전히 집중하는 정신 상태이다. 몰입은 최고의 강점들이 가장 큰 난관에 부딪혔을 때 발생한다. 쉽게 말해 걱정이나 불안감 그리고 자아의식도 잃어버린 채 지금 하는 일에 완전히 푹 빠진 상태를 몰입이라고 정의한다(Moneta & Csikszentmihalyi, 1996).

행복에 있어서 몰입은 어떤 의미를 지닐까. 몰입은 가장 재미있는 즐거움이다. 많은 사람이 행복을 순간의 기분 또는 쾌락이라고 생각한다. 그러면 쾌락은 무엇일까. 쾌락은 우리를 즐겁게 해주는 원초적인 감정에 사로잡히게 하는 활동을 말한다. 한마디로 얘기하면 육체적인 즐거움이다. 몰입이라는 개념이 나오기 전에는 가장 즐거운 것이 육체적인 즐거움이었을 것이다. 육체적인 즐거움은 먹는 즐거움, 보는 즐거움, 노는 즐거움, 무언가를 하는 즐거움, 누리는 즐거움 등등 많이 있을 것이다. 이런 것들이 인간에게 즐거움을 주는 것이다. 이 육체적인 즐거움을 누릴 때에 참 행복하다고 말을 한다. 그런데 이런 일차원적인 행복을 오래 유지하면 좋겠는데 이것이 오래 가지 않는다는 것이 문제이다. 시간이 지나고 횟수가 늘어나면 상대적으로 그 즐거움도 감소하기 때문이다. 예를 들어 아무리 맛있는 음식이라도 매일 삼시 세끼 먹으라고 한다면 질릴 것이다.

그리고 우리에게 직접적인 즐거움인 일차원적 행복에 너무 빠지다 보면 공허해질 수 있다. 쾌락이 주는 즐거움은 극대화됐다가 시간이 지나갈수록 사라지기 때문에 그 후에 허탈감이 오게 되며 공허하게 되는 것이다. 칙센트미하이는 "쾌락을 얻는 경험은 즐거움을 줄 수 있다. 그러나 쾌락과 즐거움이라는 두 가지 정서는 같지 않다. …… 쾌락은 정신적 노력 없이도 느낄 수 있지만, 즐거움은 비범한 주의를 기울여야 느낄 수 있다."(최인수, 2004, p. 99)라고 했다.

그러면 우리는 언제 몰입에 빠질까. 사람마다 다 다를 것이다. 그림 그리기, 음악 듣기, 노래하기, 춤추기, 책 읽기, 글쓰기, 운동하기 등등 몰입에 빠지게 하는 요소들은 정말 다양하다. 시간 가는 줄 모르고 완전히 몰입에 빠진 적이 언제였는가. 그리고 그때의 기분은 어떠했는가. 또 어떤 일을 할 때 몰입에 빠지게 되는가. 이렇게 몰입할 수 있는 것들을 지속해서 경험하게 될 때, 우리는 정서적인 행복을 많이 느낄 수 있다.

칙센트미하이는 몰입을 체계적으로 알아보기 위해서 세계 각국을 다니며 각계각층의 남녀노소 수천 명에게 몰입의 경험들을 수집했다. 그는 인터뷰를 통해 가장 큰 만족을 얻을 때는 언제였고, 그때의 기분은 어땠는지를 물어봤다. 몰입을 통해서 정신적인 만족을 얻었다는 사람도 있었고, 집단 활동을 통해서 얻은 만족이라고 말하는 사람들도 있었다.

칙센트미하이는 다음과 같은 것들이 몰입을 경험할 때 동반된다고 주장했다:

1. 확실한 목표가 필요하다. 기대치와 원칙이 확실해야 하며, 목표가 실현 가능해야 하고, 개인의 기량과 능력에 맞아야 한다. 어떤 활동에 깊이 몰입하려면 매 순간 자신이 무엇을 해야 하는지 확실히 알아야 한다. 운동선수나 예술가들이 다른 사람들보다 더 몰입을 잘하는 이유는 전문기술이 필요한 도전적인 일이기 때문이다. 이런 사람들은 정신을 집중하지 않으면 일에 영향을 미치게 되고, 전반적인 부분에 어떤 성과를 내지 못하게 되기 때문에 주체적으로 몰입할 수밖에 없다는 것이다. 그래서 몰입하려면 분명한 목표가 있어야 한다는 것이다.

2. 직접적이고 즉각적인 피드백을 받는 것이 중요하다. 그 일에 대한 즉각적이고 적절한 피드백이 없다면 그 일에 몰입하기 어렵다(일이 진행되는 과정에서 성공과 실패가 뚜렷해서, 행동이 필요에 따라 조절될 수 있다). 발레 같은 경우도 잘했는지, 못했는지 바로 눈으로 확인할 수 있다. 공장 근로자들도 실적으로 그 결과가 바로 나온다. 스포츠나 게임 같은 것도 승부가 바로 결정된다. 이렇게 즉각적인 피드백이 있으면 몰

입을 더 잘하게 되는 것이다.

3. 과제와 능력 사이의 균형이 필요하다. 활동이 너무 쉽지도, 너무 어렵지 않은 수준일 때 최고의 몰입을 경험하게 된다. 아무리 호기심이 생기는 일이라도 능력이 따라주지 못한다면 몰입은커녕 시작도 하지 못하고 금방 포기하게 된다. 어떤 과제가 주어졌을 때 과제와 능력 사이에 균형이 있어야 몰입이 가능하다. 과제의 수준과 높은 능력이 만나면 최고의 몰입을 경험하게 된다. 실력이 없는 학생 대부분은 산만하다. 또 심리적인 문제를 가진 성인들도 집중을 잘하지 못한다. 그래서 그런 사람들은 자신이 몰입할 수 있는 것들을 찾아서 쉬운 것부터 몰입도를 높여줬을 때 일상적인 삶에서도 만족도를 높일 수 있게 된다.

4. 집념과 집중이 필요하다. 몰입을 경험하기 위해서는 집중력을 키워야 한다. 집중력을 키우기 위해서는, 첫째로 자신이 좋아하는 일을 해야 하고, 둘째로 흥미를 느끼는 일을 해야 한다. 그래야 집중력을 강화하는 데 도움이 되기 때문이다.

5. 현재의 중요성이다. 몰입 상태에 이르면 현재 하는 일에 푹 빠져 그 활동을 관찰하거나 평가하는 의식을 생각하지 않는다. 일상의 고민이나 걱정, 일에 대한 불안감 등도 잊어

버리고 오직 지금에만 집중하게 된다. 강의를 들을 때 어떤 마음으로 듣느냐에 따라서 너무나도 다른 결과를 얻게 될 것이다. 예를 들면, 이 강의가 내 삶에 큰 도움이 되리라고 생각하면서 듣는 사람과 어쩔 수 없이 들어야 한다는 생각으로 듣는 사람은 그것을 받아들이는 것이 똑같지 않을 것이다.

6. 상황이나 활동에 대해 스스로 통제력을 느끼게 한다. 내가 하는 일과 그 결과를 통제할 수 있다는 느낌이 들게 하는 것이다. 만일 내가 어떤 일을 할 때 그 일의 결과에 대해 '과연 내가 그 일을 잘할 수 있을까? 잘못되면 어떡하지?' 하는 걱정과 우려가 마음속에 가득하다면 몰입이 잘 안 될 것이다. 내가 하는 일과 그 결과를 통제할 수 있다는 마음을 가지고 있을 때 몰입이 잘되는 것이다. 직장생활이 힘든 이유 중에는 대인관계나 성과의 문제도 있지만, 통제감 상실에서 오는 문제가 더 많다고 한다. 특히 시간을 통제하지 못할 때 회사 생활이 힘들어진다. 자신의 시간을 마음대로 쓰지 못하면 마음의 여유를 찾기 힘들고 스트레스를 받게 된다.

7. 시간 감각의 왜곡이다. 몰입 경험의 특징 가운데 하나는 시간에 대한 감각을 인지하지 못한다는 것이다. 개인의 시

간에 대한 주관적인 경험이 변한다. 몰입하는 순간 시간이 빨리 흐르는 것처럼 느껴진다. 몰입하면 시간 가는 줄 모르게 되는 경험을 누구나 다 해보았을 것이다.

8. 자아의식의 상실이다. 사람들은 그들의 활동에 몰두하고, 의식의 초점은 활동 그 자체로 좁혀진다. 행동과 의식이 하나 되어 일상에 대한 걱정과 좌절을 의식하지 않는다. 한마디로 무아지경의 상태를 말한다. 몰입을 경험하는 동안은 자의식도 망각한 채 몰입에 빠지게 된다. 그 이후에는 만족감을 느끼고 자부심이 높아지게 된다. 이런 상태에 빠져들면 목표를 달성하기 쉽고, 그 후에는 자부심이 높아지는 것이다.

이렇게 칙센트미하이는 몰입을 위해서 자기 목적의 자아를 가져야 한다고 주장하고 있다. 외적 요인에 영향을 받는 것이 아니라 외적 요인을 받아들이는 자세가 중요하다는 것이다. 또한, 자기가 좋아하고 만족하는 일을 할 때 몰입을 경험하게 된다고 강조했다. 몰입이 잘되려면 해야 하는 일과 그 일을 할 수 있는 능력이 맞물려졌을 때 가능해진다. 만일 사람들이 자기 직업을 선택할 때 자신에게 몰입할 수 있는 일을 할 수 있다면 얼마나 행복할까? 하지만 현실은 그렇지 못하다. 먹고 사는 문제 때문에 어쩔 수 없이 직업 생활을 해야 하는 경우가 많다.

그러나 현실적으로 어려움 가운데 있어도 내가 어떻게 삶에 몰입하면서 살 수 있을지 찾아가면서 살다 보면 나름대로 만족과 행복을 느끼면서 살 수 있을 것이다.

## 긍정심리학의 6개의 덕목 24가지 강점의 분류

병리학에 대한 전통적인 진단의 초점에 반대하기 위해, 셀리그만 Seligman과 피터슨Peterson은 그들의 획기적인 설명서인 「성격 강점과 덕목의 분류 Character Strengths and Virtues」(CSV)에서 긍정심리학의 이론을 구체화했다(Peterson, & Seligman, 2004). 이 편람은 정신질환의 진단 및 통계편람 Diagnostic and Statistical Manual of Mental Disorders(DSM)과 대비된다. 이 책은 이 세상에 존재하는 모든 정신질환을 정의하고 분류하는 책이다. DSM이 정신질환 장애의 범주를 분류하는 것처럼, CSV는 사람들이 번영하는 것을 가능하게 하는 다양한 힘에 대한 세부사항과 분류를 제공한다.

CSV는 24개의 측정 가능한 성격적 강점들로 구성된 6개의 핵심 덕목에 대한 총체적인 체계를 세웠다. 그 덕목들은 모든 주된 종교, 아리스토텔레스Aristoteles의 철학, 벤자민 프랭클린Benjamin Franklin의 글 등 3,000년에 걸쳐 전 세계 여러 나라와 문화에서 200개가 넘는 덕목 목록을 (거의) 보편적으로 발견할 수 있다.

다음은 성격 강점과 덕목의 분류(CSV)에 관해서 설명한다.

첫 번째 덕목, 지혜와 지식 wisdom & Knowledge: 더 나은 삶을 위해 지식을 습득하고 사용하는 것을 수반하는 인지적cognitive 강점들이다.

1. 창의성 Creativity [창의력, 독창성]: 어떤 것을 개념화하고 실행하는 새롭고 생산적인 방법의 사고를 하고, 예술적 성취를 포함하지만, 그것에 제한을 두지 않는 강점이다. 창의성이 뛰어난 사람은 무언가 하고 싶은 일이 있을 때, 그 목적을 달성하기 위해 새로우면서도 타당한 방법을 찾는 데 남다른 능력이 있다.

2. 호기심 Curiosity [흥미, 새로운 탐색, 경험에 대한 개방적인 태도]: 진행 중인 경험 그 자체에 흥미를 느낀다. 흥미로운 주제나 화제에 도전하고, 탐험해 가며 발견하는 강점이다. 호기심을 갖는 사람은 불분명한 것들을 그냥 지나치지 않고 해결해서 호기심을 충족시켜야 직성이 풀린다. 새로운 것에 적극적인 관심을 보이며 참여하고 있는 모든 활동에 호기심을 갖는다.

3. 학구열 Love of Learning [배움에 대한 사랑]: 자신에게 있어서든 형식적으로든 새로운 기술, 주제, 지식을 터득하면서 기쁨을 느끼는 장점이다. 분명히 호기심과 관련이 있지만, 그것을 넘어 자신이 아는 것에 체계적으로 더하는 경향성을 나타낸다. 학구열이 뛰어난 사람은 집단에 속해 있을 때나 혼자 있을 때 늘 새로운 것을 알고 싶어 한다. 정신적, 물질적인 외적 보상이 없을 때도 그 분야의 학식 쌓기, 새로운 기술,

주제, 지식에 숙달하고자 힘쓴다.

4. 판단력 Judgment [판단, 비판적 사고]: 생각하는 것을 모든 측면에서 분석하고 바로 결론으로 뛰어넘지 않는다. 증거를 통해 사람의 마음을 바꿀 수 있도록 모든 증거에 공평하게 무게를 둔다. 판단력이 뛰어난 사람은 자신이 누구인지 다각적으로 생각하고 검토한다. 모든 측면을 고려하여 조사하고, 판단하는 증거에 근거하여 생각을 변화시키고, 모든 증거를 동등한 비중으로 다룬다.

5. 예견력 perspective [지혜, 통찰력]: 다른 사람들과 현명하게 상담하며, 자기 스스로 다른 사람을 이해하는 세계관을 가진다. 통찰력이 뛰어난 사람은 다른 사람들의 경험을 참고해 자신의 문제를 해결하려고 한다. 이것은 너나없이 모두 수긍하는 세상의 이치를 정확히 아는 능력이다.


두 번째 덕목, 용기 courage: 외부 또는 내부의 난관에 부딪혔을 때 목표를 달성하고자 의지를 훈련하고 실천하는 감정적인 강점들이다.

6. 용감성 bravery [용맹]: 위협, 도전, 어려움 또는 고통으로부터 위축되지 않는 것이다. 심지어 반대가 있을지라도 무엇이 옳은 것인가를 말하는 것이고, 인기가 없을지라도 신념을 행동으로 옮기는 것이다. 신체적 용기를 포함하지만, 그것에 제한되지 않는다. 용감성 있는 사람은 위협, 도전, 고통, 시련 등을 당해도 물러서지 않고, 반대나 대중적

인 호응을 얻지 못하더라도 확신하고 말하고 행동한다. 육체적인 용기 뿐만 아니라 도덕적 용기와 정신적 용기도 여기에 포함된다.

7. 끈기 persistence [인내, 부지런함]: 시작한 것을 끝내는 의지이다. 장애물에도 불구하고 행동 방식을 유지하며, 일을 끝내고 완성하는 것에서 기쁨을 느끼는 강점이다. 끈기 있는 사람은 한번 시작한 것을 반드시 끝마치며, 어려운 과제를 맡겨도 불평 없이 책임을 완수하고 더 좋은 결실을 보기 위해 노력한다. 이룰 수 없는 목적에 무모하게 집착하지 않는다.

8. 정직 honesty [진정성, 신뢰]: 정직한 사람은 자신에 대해 정직한 방법으로 폭넓게 자신을 드러내며 진실을 말하는 것과 진실한 방법으로 행동한다. 가식이 없는 것과 개인의 느낌과 행동에 대해 책임을 지는 강점이다.

9. 열정 vitality [활력, 열광, 힘, 에너지]: 흥미와 활력을 가지고 삶에 접근하는 것이다. 건성으로나 진심 없이 하지 않고, 모험으로서의 삶을 사는 것이며, 살아 있고 활동적임을 느끼는 강점이다. 활력이 강한 사람은 열정이 넘치고 정열적이다. 자신이 하는 일에 몸과 마음을 다 바치고, 새날에 할 일을 고대하며 아침에 눈을 뜬다. 열정적으로 일에 뛰어들며, 언제나 뜨겁게 살아 있음을 느낀다.

세 번째 덕목 인간애 humanity: 다른 사람들과 친구처럼 친밀하게 대해주고 돌보는 것과 관련된 대인 관계적 강점들이다.

10. 사랑 love [사랑하고 사랑받는 능력]: 다른 사람들, 특히 나눔과 돌봄을 주고받는 사람들과의 친밀한 관계를 소중하게 여기는 것이다. 사람들과 가까이 지내며 사랑을 주고받는 강점이다. 당신이 자신에게 느끼는 것과 똑같은 감정으로 대하는 사람이 있다면 이 감정을 지니고 있다는 증거다.

11. 친절 kindness [너그러움, 배려, 돌봄, 연민, 친절함]: 다른 사람들에게 친절을 베풀고 좋은 행동을 하는 것이다. 타인을 돕고, 돌보고, 선한 행동을 하는 강점이다. 친절한 사람은 절대 자신의 이익을 좇지 않는다. 전혀 모르는 사람에게도 배려한다. 나 아닌 다른 사람의 최대 관심사를 잣대로 상대방과 관계를 맺는 다양한 방식을 포함한다.

12. 사회성 지능 social intelligence [감정적 지능, 개인적 지능]: 타인과 자신의 동기 및 감정을 아는 것이다. 적절한 상황에 맞추어 행동할 줄 아는 것과 무엇이 다른 사람의 신경을 거슬리게 하는지 간파하는 강점이다. 사회성은 자신의 감정을 잘 다스리며 스스로 행동을 이해하고 바로 잡을 줄 아는 능력이다. 타인에 대한 동기와 감정을 인지하고 서로 다른 사회적 상황에 적응하기 위해 무엇을 해야 하는지 그 방법을 안다.


네 번째 덕목 정의감 justice: 건강한 공동체 생활의 기반이 되는 사회적 강점들이다.

13. 협동심 citizenship [사회적 책임, 충성심, 팀워크]: 이 강점을 가진 사람은 한 집단의 탁월한 구성원이며, 집단의 일원으로서 일을 잘 수행한다. 집단에 충성하고, 책임감을 느끼고, 자신의 몫을 감당하는 강점이다. 집단의 목적과 목표의 중요성을 잘 알고 있다.

14. 공정성 fairness [공평성, 정의]: 공정과 정의의 관념에 따라 모든 사람을 똑같이 대하는 감정이다. 사적인 감정으로 다른 사람에 대해 편향된 결정을 하지 않고, 모두에게 공평한 기회를 주는 강점이다.

15. 리더십 leadership [지도력]: 리더십을 갖춘 사람은 단체를 조직하고 관리하는 능력이 남다르다. 집단의 구성원이 일을 마치게 하고, 동시에 집단 내에서 좋은 관계를 유지하도록 집단을 격려한다. 집단 활동을 조직하고 효과적으로 수행하도록 돕는 강점이다.


**다섯 번째 덕목** 절제력 moderation: 독단에 빠지지 않고 무절제로부터 보호하는 중용적 강점들이다.

16. 용서 forgiveness & mercy [자비]: 잘못한 사람을 용서하고, 타인의 단점을 수용하는 감정이다. 사람들에게 한 번 더 기회를 주고, 복수심을 가지지 않는 강점이다. 앙심을 품거나 가해자와 마주치는 일을 애써 피하지 않고 너그러운 마음으로 친절하게 대하는 경우가 많다.

17. 겸손 humility [단정함, 존중감]: 자신을 다른 사람보다 더 특별

하다고 생각하지 않으며, 타인을 존중하고 조언을 받아들이는 강점이다. 겸손한 사람은 뭇 사람들의 시선을 받으려 하기보다 자신이 맡은 일을 훌륭히 완수하는 데 힘쓴다. 자신을 낮출 줄 알며 자만하지 않는다. 자신이 이룩한 성공과 업적을 누구나 할 수 있는 일처럼 생각한다.

18. 신중성 prudence [조심성, 분별력]: 신중한 사람은 선택에 주의를 기울이고, 지나친 위험을 감수하지 않는다. 나중에 후회할 만한 것을 하거나 말하지 않는 강점이다. 모든 결정 사항을 충분히 검토한 후에야 비로소 행동으로 옮긴다. 또한, 멀리 보고 깊이 생각하며, 더 큰 성공을 위해 눈앞의 이익을 좇으려는 충동을 억제할 줄 안다.

19. 자기 통제력 self-regulation [자제력, 자기조절]: 자신이 느끼는 욕구나 감정을 통제하는 강점이다. 이 강점을 지닌 사람은 적절한 시기가 올 때까지 자신의 욕망, 욕구, 충동을 자제한다. 기분 나쁜 일이 생겨도 자신의 감정을 잘 다스리고 부정적인 감정을 다스려 평온한 상태로 만든다.


여섯 번째 덕목 초월성 transcendence: 더 큰 세계로 연결되게 하고 현상과 행위에 대해 의미를 제공하는 강점들이다.

20. 감상력 appreciation of beauty [경외감, 감탄, 승격]: 자연을 포함한 예술, 수학, 과학, 일상의 경험에 이르는 다양한 삶의 영역들에서 아름다움과 탁월함 또는 훈련된 수행을 주목하고 이해하는 강점이다. 이

강점을 가진 사람은 장미를 보면 가던 길을 멈추고 그 향기를 음미한다. 모든 분야의 미, 빼어난 작품과 기교를 감상할 줄 알며, 세상 모든 것에서 아름다움을 발견한다. 스포츠 스타의 묘기나 인간미가 넘치는 아름다운 행동을 목격할 때면 그 고결함에 깊이 감동한다.

21. 감사 gratitude [고마움]: 일어난 모든 좋은 일을 깨닫고 감사하는 감정이다. 감사를 표현하는 시간을 가지며 마음속으로부터 고마워하는 강점이다. 고마움을 아는 사람은 자신에게 일어난 일을 늘 기쁘게 생각하며, 절대 당연한 것으로 받아들이지 않는다. 그래서 항상 고마움을 전할 시간을 마련한다. 감사는 돋보이는 어떤 사람의 도덕적 성품을 감상하는 것이다.

22. 희망 hope [낙관주의, 미래 중심의 마음가짐, 미래 지향]: 미래에 최선을 다하고 기대하며 그것을 이루기 위해 노력하는 것이다. 좋은 미래는 일어날 수 있는 무언가라고 믿는 강점이다. 이 강점을 지닌 사람은 자신이 최고가 될 날을 기대하며 계획을 세우고 그 계획대로 실천한다. 희망, 낙관성은 미래에 대한 긍정적인 자세를 드러내 주는 강점들이다. 현재 자신이 있는 곳에서 즐겁게 생활하고 목표를 향해 힘차게 나아간다.

23. 유머 humor [즐거움]: 웃고 장난하는 것을 좋아하는 것; 다른 사람을 미소 짓게 하는 것; 밝은 측면을 보는 것; 농담(꼭 말하는 것이어야 하는 것은 아님)을 만드는 강점이다. 유머 감각이 뛰어난 사람은 잘 웃거나

다른 사람들에게 웃음을 선사한다. 또한, 삶을 긍정적으로 보는 경향이 크다. 꼭 필요한 말이 아니더라도 유쾌한 농담을 잘한다.

24. 영성 spirituality [종교성, 신뢰, 목적의식]: 더 높은 목적이나 세계의 의미에 대해 일관적인 믿음을 가지는 것; 자신이 더 큰 틀 안에서 어디에 어울리는지 아는 것; 품행을 만들고 편안함을 제공하는 삶의 의미에 대한 믿음을 가지는 것이다. 이 강점을 지닌 사람은 우주의 더 큰 계획에서 자신의 쓰임새가 있을 것으로 생각하며, 그런 믿음을 밑거름 삼아 행동하고 편안함을 얻는다. 종교를 믿든 안 믿든, 당신은 더 큰 우주에 자신이 속해 있다고 확신한다.


모든 생각할 수 있는 강점이 명확하게 이 24개의 강점 중의 하나로 열거되는 것은 아니다. 특정한 자질은 이러한 강점 중 하나에 포함될 수도 있고, 한 개의 강점 이상의 결합일 수도 있다. 사람들은 대부분 몇 개의 대표 강점signature strength을 가지고 있다.

이러한 성격적 감정들은 다음의 규준에 의해 정의된다. 그것들은 삶에 성취감을 주고 윤리적인 감각 안에서 본질에 가치를 가지며 경쟁하지 않는다. 나의 진정한 정체성이 확인되기 때문에 소유감과 자신감이 생긴다. 바람직한 특징에 반대하지 않고 시간이 지나도 비교적 안정된 습관적인 패턴을 보인다.

자신의 가장 높은 강점 다섯 가지에 집중해 본다. 다섯 가지는 우리에게 뛰어난 장점으로 불린다. 셀리그만은, 몰입과 참여를 증진하는 한 가지 방법은 사람들의 뛰어난 장점들을 확인하고 그들이 그러한 장점을 더 사용할 기회를 찾게 도와주는 것이라고 주장했다. 이러한 관점은 아리스토텔레스만큼 오래되었으며, 로저스의 완전히 기능하는 인간의 이상, 매슬로의 자아실현의 개념, 그리고 자기 결정 이론과 같은 현대의 심리학적 개념과 일치한다고 주장한다(Peterson, & Seligman, 2004).

6개의 덕목 24가지 강점

| 지혜와 지식 | 용기 | 인간애 | 정의감 | 절제력 | 초월성 |
|---|---|---|---|---|---|
| 창의성 | 용감성 | 사랑 | 협동심 | 용서 | 감상력 |
| 호기심 | 끈기 | 친절 | 공정심 | 겸손 | 감사 |
| 학구열 | 정직 | 사회성 지능 | 리더십 | 신중성 | 희망 |
| 판단력 | 열정 | | | 자기 통제력 | 유머 |
| 예견력 | | | | | 영성 |

## 긍정심리 영화치료

영화치료cinematherapy라는 용어는 원래 심리치료에서 영화의 용도를 묘사하기 위해 1990년 버그크로스Berg-Cross, 제닝스Jennings와 바루흐 Baruch에 의해 만들어졌다. 사람들은 영화에 감정적으로 반응하기 때문에, 그들의 반응들을 통해 내면세계를 볼 수 있다. 영화치료를 가지고 심리치료자들은 이렇게 내면세계를 비추는 것을, 전통적인 방법들의 부속물로 영화를 이용하는 방식으로 활용했다. 영화를 보는 것은 심리치료를 결코 대체할 수 없지만 강화할 수는 있다.

영화치료는 훈련된 심리치료사가 영화로 치료법을 사용하는 창조적인 치료 기법이다. 심리학은 인간 경험과 행동을 연구하는 학문이므로 인간 경험과 행동이 영화에도 영향을 받는다. 영화심리치료는 인간 행동과 경험에 영화가 미치는 영향을 다루는 치료법이다. 따라서 인간의 경험과 행동의 상황을 잘 그려낸 영화를 보여주고 난 후, 영화에 기반을 둔 질문을 하여 인간의 내면에 더욱 쉽게 접근하는 심리치료 방법이다.

영화심리치료사의 아버지라 불리는 게리 솔로몬Gary Solomon에 따르면, 영화심리치료는 정신적으로 문제 있는 사람들을 제외하고는 모든 사람에게 긍정적인 영향을 미친다고 한다. 영화심리치료에서 영화는 정신과 의사, 심리상담학자, 임상사회복지사, 정신과 간호사, 예술 심리학자, 코치, 학자, 강사 및 교육자 등 다양한 필드에서 사용한다.

긍정심리학에서도 등장인물이 덕목들과 강점들을 보여주는 특정한 영화들이 사용된다. 사람들이 영화를 평가하며 볼 때, 긍정심리 영화들은 영화에서 묘사되고 있는 가치, 신념, 그리고 행동에 영향을 받는 듯하다.

## 영화치료의 근원

오래전부터 이야기와 우화는 치유를 위해 사용되어왔다. 인류 역사 곳곳의 많은 문화는 이야기를 듣고 말하는 행동을 통한 변화와 치료의 효과를 인정하고 있다. 영화치료의 기원은 누군가의 마음에 대해 통찰력을 얻기 위한 목적으로 독서하였던 '독서요법'으로부터 찾을 수 있다.

1540년 인쇄기술 발명과 1770년 중반 소설의 발명과 대중문학의 등장으로 개인들이 잘 만들어진 이야기를 더 쉽게 접할 수 있게 되었다. 심리분석이 알려지기 시작할 무렵인 20세기 중반에 분석가들은 몇몇 환자들에게 특정한 자료, 또는 소설을 읽는 것을 처방하기 시작하였다. 1916년, 심리학과 문학에 독서치료bibliotherapy라는 개념이 처음 등장하였다. 영화치료는 독서치료의 시작이다. 독서치료의 개념은 문학과 예술에서의 표현을 통해 다른 사람들과 동일시identification[4]하는 인간의 성향에 근거한 치료법이다. 예를 들면, 슬픔에 잠긴 아이가 동생을 잃은 다른 아이에 관한 이야기를 읽으면 혼자만 이 세상에서 외로움을

---

[4] 어느 대상의 생각과 감정과 행동 등을 무의식적으로 받아들여 그 대상과 비슷한 경향을 나타내는 것(김충견 외, 2016).

느끼는 아픔에서 벗어날 수 있다.

그리스인들은 오래전부터 그들의 감정을 다루기 위한 카타르시스로서 시각과 행위 예술인 드라마를 사용하였다. 오늘날까지 그리스인들은 우리가 하는 것처럼 수동적으로 자신의 자리에 앉지 않고 끝에서 정중하게 손뼉을 친다. 고대와 현대 극장에서 사람들은 소리를 지르고 우는 등 상당히 표현적이었다. 고대의 그리스인들은 전쟁으로 인한 상처를 치료하기 위해 시적 방식을 발전시켰다. 복잡한 감정을 정리하고 트라우마를 치료하기 위한 카타르시스로 비극이 활용되어왔다. 이러한 독서치료의 개념은 시간이 지남에 따라 내담자들에게 필요한 카타르시스를 제공할 수 있는 영화치료로 확대되었다. 전해 오는 고사성어, 백문불여일견 百聞不如一見 a picture is worth a thousand words 한 번 보는 것이 백 번 듣는 것보다 좋다는 이야기가 있다. 이렇듯 독서치료가 영화치료로 발전할 수 있었던 것은 현시대의 비주얼 스토리텔링 Visual Storytelling[5]의 힘이라 볼 수 있다.

비주얼 스토리텔링visual storytelling의 힘을 가진 영화가 영향력을 가지는 것과 함께 영화치료는 쉽게 다가갈 힘이 생겼다. 영화치료 요법은 독서치료 요법보다 더 매력적이라고 다음과 같이 설명한다. 독서치료는 책을 사용한다. 영화치료는 영화를 사용한다. 영화치료는 독서치료보다 쉽다. 그 이유는 책을 읽는 것보다 영화 보기가 쉽고, 영화 보

---

5) 이야기를 시각적으로 풀어내는 기술.

는 시간이 책을 읽는 시간보다 적기 때문에 영화치료 요법을 사용하는 시간도 짧아진다는 장점이 있다. 독서치료보다 영화치료가 더 좋다는 이야기가 아니다. 접근성에서 독서보다는 영화가 쉽게 다가갈 수 있다는 뜻이다.

## 영화 관람이 긍정심리과정을 어떻게 돕는가?

영화라는 매체는 다른 어떤 예술형식보다 사람 마음의 미세한 부분들인 생각, 감정, 본능과 동기와 행동에 대한 영향을 묘사할 수 있다. 긍정심리학 영화들이 등장인물의 강점들과 그것들이 어떻게 발달하고 유지되는지 검토하는 자연스러운 장치가 된다. 영화는 음악, 대화, 조명, 카메라 앵글, 그리고 음향효과들의 시너지 효과로 인해 영화가 우리 안에 있는 일반적인 방어벽을 허물게 하며, 우리에게 강력하게 작용한다.

대니 웨딩Danny Wedding과 라이언 니믹Ryan Niemiec은 "인간의 감각 경험 중 시각적 경험만큼 정보를 분명하게 전달하고 감정을 잘 불러일으키는 것은 없다."라고 했다. 실제로 일어날 것 같은 이야기들로 구성되었고, 이야기를 살아 있는 형태의 모습으로 느끼기 때문에 사람들은 영화에 몰입하게 되는 것이다. 예를 들면, 2014년에 개봉된 영화 <국제시장>은 한국 근대사의 6.25 전쟁통에 파란만장한 삶을 산 한 남자의 이야기다. 이 영화의 도입 부분에 1950년 흥남 철수 장면이 나온다. 흥남 부두로 달려드는 피란민들의 모습과 주인공 덕수가 여동생 막순이를 업고 배를 타다 옷자락이 찢어져 막순이를 잃는 장면은 그 시대에 절박한 모습을 재구성해 비주얼 스토리텔링visual storytelling을 하고 있다.

많은 영화는 인간의 본능과 욕구라는 최소한의 공통분모를 보여준다. 그렇지만 양극단을 추구하는 영화들이 가장 높은 인간의 가치에 영감을 미치는 것은 실제로 불가능하다. 영화 대다수는 잘 만들어진 이야기들이어서 단순히 즐거움을 주고, 더 나아가 의도하지 않게 영혼의 어둠의 측면을 향해 개인의 통찰을 명확하게 끌어내는 촉매제의 기능을 하기도 한다. 이러한 어둠의 측면들이 의식의 자각이라는 빛의 영역으로 끌어져 나오게 되었을 때, 진실한 내면의 자유는 가능해진다. 이전의 다른 어떤 매체들과 다르게 대중 영화는 한 사람의 경험의 깊이를 조명하는 잠재적인 새로운 힘을 보여준다.

영화가 우리의 삶 밖에 있더라도, 영화를 보는 사람들이 영화에 감정적으로 반응할 때 우리는 영화가 어떻게 우리 내면의 세계를 반영하는지 알 수 있다. 영화의 형상화를 통해 자기 자신을 발견할 수 있다. 현대 심리학의 아버지로 여겨지는 프로이트Freud는 꿈, 감정, 사고가 무의식적으로 시각적인 형태로 나타난다고 하였다. 대부분 영화는 꿈처럼 은유와 상징으로 가득하다. 은유와 상징은 우리 마음의 깊은 수준에게까지 영향을 끼칠 수 있다. 칼 융Carl G. Jung도 "마음이 상징을 탐험할 때, 이성의 능력을 뛰어넘는 곳에 있는 아이디어가 도출된다."라고 말한다. 보통 상징적 이미지를 통해 우리의 의식과 무의식의 내용이 의사소통하기 때문이다. 내담자들을 가벼운 가수(假睡) 상태로 인도하고, 이를 통하여 명상과 같이 영향을 줄 수 있는 영화 체험, 또한 하나의 치료 기법으로 사용되고 있다.

영화의 치료적 효과에 대한 다른 이유는, 영화의 신화적 구조인 영웅 여정의 패턴을 따른다는 것이다. 융Jung은 신화적인 이야기가 집단적인 '꿈'을 구성한다고 했다. 신화 그 전체는 집단 무의식의 투사와 같은 종류로 받아들일 수 있다. 영화는 서서히 전개되는 신화의 중요한 부분이다. 한 개인은 전체 종(생물의 기초 분류 단위)의 과거, 그리고 유기체의 오랜 진화와 연결되어 있다. 신화의 양식은 많은 동화, 소설, 연극, 그리고 영화의 구성에 쓰인다. 그러므로 특정 영화에 대한 우리의 반응은 우리의 깊은 무의식 층의 인식을 나타낸다.

영화는 마치 신화처럼 집단 무의식의 패턴들을 이용한다. 영화의 줄거리는 의식의 저항을 피하며, 마음과 영혼에 직접 이야기하므로 우리에게 굉장한 영향력을 끼친다. 이러한 흐름을 통해 영화는 우리의 개인적 치유 및 변화 과정을 도와준다. 따라서 영화는 내담자의 가장 깊고 현명한 자기 모습에서부터 그들이 살아가는 원동력이 되도록 내담자를 승화적 수준으로 연결해야 한다.

영화의 치료적 효과에 대한 또 다른 이유는, 가속 학습accelerated

learning에 관한 연구로 설명된다. 가속 학습에 관한 연구는 학습하는 과정에서 이야기 및 비유와 더불어 다양한 감각들이 맞물릴 때 습득과 기억력이 더 향상된다고 했다. 하워드 가드너Howard Gardner는 우리가 다중지능multiple intelligence을 가지고 있다고 주장한다. 우리가 더 많은 지능에 접근할수록 더 빨리 학습하게 된다는 것이다. 다중지능은 인지능력, 재능, 정신적 능력의 집합체이다. 또한 캐시 그렌 스터드반 Cathie Glenn Sturdevant은 영화 관람이 다양한 지능들과 가장 잘 맞물리는 부분이라고 강조하며, 다음과 같이 가정한다(Sturdevan 1998).

- 영화의 줄거리는 논리적 지능과 연결된다.
- 대본 속 대화는 언어 지능과 연결된다.
- 스크린 속 장면, 색감, 그리고 상징들은 시공간적 지능과
  연결된다.
- 소리와 음악은 음악적 지능과 연결된다.
- 스토리텔링은 대인관계 지능과 연결된다.
- 움직임은 신체적 지능과 연결된다.
- 특히 영감을 주는 영화는 자기 성찰이나 심리 내면 지능
  과 연결된다.

영화는 종종 이런 다양한 심리학적, 생리학적 경로들을 통해 내담자

들과 이야기한다. 그 효과는 상승적이고 더 나아가 영화의 치유 및 변형 가능성을 향상시킨다. 영화 속 인물들은 종종 힘, 용기 및 기타 긍정적 자질의 표본이 되어 내담자의 삶에 어려운 시간을 돕는다. 또한 내담자들은 덕목들과 강점들의 본을 보여서 그들의 잠재력에 접근하고, 잠재력을 개발하는 데 도움을 주는 등장인물로부터 그들의 강점을 배운다.

## 긍정심리영화는 왜 효과를 발휘하는가?

사람들은 종종 잊기도 하지만, 저평가된 그들의 강점과 덕목 자원들을 다시 생각해낼 수 있도록 적용할 기회가 필요하다. 치료자들은, 내담자들이 영화 속 등장인물이 어떻게 문제의 해결책을 찾는지, 또 등장인물의 덕목과 강점 중 어떤 것이 친숙하고 접근 가능한지를 알도록 힘써야 한다. 만약 내담자들이 영화 속 등장인물과 같은 덕목과 강점들이 있고, 이것들이 저평가되었다면, 이를 내담자들에게 알아차리도록 할 필요가 있다. 내담자 관점의 변화는 그들 자신의 레퍼토리repertory로부터 적절한 자원을 인정할 때 일어난다.

내담자가 영화에 자신을 투사projection[6]해서 만들어낸 추론과 가정, 그리고 영화에 마음을 여는 것은 그들이 영화에 어떤 영향을 받는지에

---

6) 자기 생각이나 욕구, 감정 등을 다른 사람의 것으로 지각하는 것(김춘경 외, 2016).

모두 영향을 미친다. 대체로 그들은 동일시identification와 투사를 통해 아래와 같은 인지적, 감정적 해석의 단계를 경험한다.

1. 분리disassociation

내담자는 등장인물을 그들 내면 기준 범위 밖에서 바라본다.

2. 투사를 통한 동일시

내담자는 등장인물, 상황 등을 동일시하기 시작한다.

3. 내면화internalization[7]

내담자는 등장인물, 장면, 상황을 통해 느낀 것을 자신의 것으로 받아들이면 외로움을 덜 느낀다.

4. 전이transference[8] ●투사에 대한 고찰

내담자는 먼저 안전하게 바깥에 있었지만 이제 동일시한 사안을 검증하고, 그것을 가지고 움직일 수 있다.

이러한 단계들은 다음과 같은 방식으로 내담자들에게 표현된다.

1. 영화에서 자신 밖에 있는 등장인물을 보는 것.

2. 등장인물, 장면 등을 동일시하기 시작하기:

---

7) 다른 사람의 생각과 가치, 행동을 수용하여 자신의 것으로 만드는 과정 혹은 개인의 문화에서 나온 여러 규준을 통합하고 그것을 자신의 것으로 만드는 과정(김춘경 외, 2016).

8) 내담자가 과거의 중요한 대상과의 관계에서 경험했던 감정이나 환상을 상담자에게 치환하는 것(김춘경 외, 2016).

"난 저 인물에게 공감돼", 또는 "나는 저 남자가 하는 행동이 싫어."

3. 등장인물이나 장면을 통해 느낀 것을 자기 것으로 만들기:

"이건 정확히 내 인생 같은 느낌이야."

4. 이제는 당신 것으로 인식되는 긍정적이거나 부정적인 특성들을 검증하고 다룬다.

## 긍정심리영화는 어떻게 효과를 발휘하는가?

위의 제시된 CVS의 24개의 강점 분류 방법은 긍정영화치료를 적용하기 위한 기본적인 구조로서 유용하다. 다음 장에 제시될 적용 부분(Part 2. 적용)에서 여섯 종류의 덕목인 24개 강점을 묘사하는 영화에 대한 세세한 예시들과 묘사들은, 독자가 영화를 적절하게 사용할 수 있도록 준비시킬 것이다.

제시될 영화들은 내담자로 하여금 긍정적인 감정, 경험, 성격적 강점을 개발하고, 그러한 강점들을 장애물과 역경을 극복하는 데 사용하도록 아이디어와 영감을 제공한다. 영화는 내담자들의 서로 다른 치료 수요들과 영화 선호도들을 위한 다양한 선택지를 제공하는 절충적인 방식으로 선택되고 분류될 수 있다.

니믹Niemiec과 웨딩Wedding(2013)은, 적절한 영화는 사람들이 그들의 삶에서 벗어나 더 좋고, 강하고, 건강하게 행동하려는 의지를 다지게 된다고 주장한다. 그들은 상승elevation에 대한 사회심리학자 조너선 하이트Jonathan Haidt의 정의에 기초한 영화적 상승을 만들 수 있는 영화 선택을 다음과 같이 제시한다.

> "하이트Haidt는 번영, 행복 그리고 인간 감정의 경험에 대한 중요한 연구를 수행하였다. 그는 심리적 상승이라는 용어를 영화 속에 그려진 긍정심리학을 이해하기 위한 중요한 감정을 묘사하는 데 적용하였다. 하이트Haidt는 심리적 상승의 세 가지 요소를 다음과 같이 정의하였는데, 먼저 도덕적으로 이상적인 행동을 바라보는 것이다. 예를 들어; 인간애, 용기, 정의로움 등이 있다. 두 번째로 따뜻함, 만족감, 마음의 열린 상태 등의 신체적으로 이어지는 감각이다. 마지막으로 도덕적으로 더 나은 상태로의 동기부여, 예를 들어; 다른 사람을 돕는 것, 스스로 더욱 성숙해지는 것 등이다. 관객들은 자신의 감정과 미덕을 유용하게 사용하는 인물을 보게 되고, 관객의 시점과 가치관에 따라 결과적으로 영감을 받고, 자신을 위해, 또는 다른 사람들과 사회 속에서 좀 더 나은 인간으로서의 행동을 취하게 된다."(Niemiec & Wedding, 백승화 외 역, 2011. p. 31).

내담자에게 긍정영화치료 경험을 강화하기 위해, 임상가들은 의식적 관심을 가지고 영화를 보도록 지도할 수 있다. 내담자들은 영화를 보기 전에 마음을 가라앉히고 집중하는 것을 배운다. 그들은 이야기와 자신에게 집중하라는 지시를 받는다. 그들은 어떻게 영화의 이미지, 아이디어, 대화와 등장인물들이 그들의 신체적인 감각에 영향을 미치는지 관찰할 필요가 있다. 어떤 장면이 바라지 않은 감정을 유발해서 균형이 깨지게 하면 어떤 일이 일어나는가? 의식적인 관심으로 들어가는 다른 입구는 영화의 이미지, 아이디어, 대화와 등장인물들이 내담자의 호흡에 어떻게 영향을 미치는지 관찰하는 것이다. 그들은 호흡의 얕고 깊음, 속도와 질을 알아차릴 수 있다. 그들은 호흡을 바꾸거나 통제하려고 노력하지 않는다. 그들은 영화를 보는 동안 아무것도 분석하지 않지만, 그들이 겪고 있는 것을 충분히 드러난다.

## 긍정심리영화를 고르는 기준

비록 모든 영화 장르[9]들이 덕목과 강점들을 보여주는 영화를 만들어낼 잠재력이 있지만, 특정 장르들은 긍정영화치료에 유용한 영화를 만드는 데 다른 것보다 더 이바지하는 경향이 있다. 드라마가 가장 다

---

9) 장르는 영화 제작자와 관객 간 원활한 커뮤니케이션을 위한 개념이다. 장르는 관객의 영화 선택을 수월하게 해준다. 관객에게 영화 선택은 늘 선경험에 따른 기대 패턴과 관련되기 때문이다. 결국, 장르는 영화의 총체적 형상에 관한 관객의 경험을 조직화한 것이다. 출처: 장르영화 terms.naver.com

양한 범주를 가지고 있다. 특히 주인공의 여정과 가장 유사한 경우가 많으므로, 드라마 장르 영화가 일반적으로 다양한 덕목들과 강점들을 개발하는 데 가장 좋은 기회를 제공한다(Niemiec & Wedding, 2013).

성격적 강점들은 많은 영화에 묘사되어 있다. 영화에서 발견되는 가장 공통적인 긍정심리학적 강점들은 창의성, 용기, 인내심, 소망, 유머 그리고 사랑이다. 이러한 강점들은 영화와 같은 시각적 양식에 가장 적합하다. 겸손, 정직, 자기 절제, 배움에 대한 사랑 같은 다른 강점들은 영화에서 덜 묘사된다(Niemiec & Wedding, 2013).

많은 영화는 하나 이상의 긍정심리학적 강점을 보여주는 등장인물을 그린다. 내담자가 특정 강점을 본받기 위해, 그 강점을 주요한 강점으로 보여주는 등장인물이 선택되어야 한다. 주요한 강점은 등장인물 속의 다른 강점들을 강조하고 유지한다. 그렇지 않으면, 치료자들은 내담자들이 개발하고 세워가야 할 특정한 강점들에 초점을 맞추라고 말해야 한다.

니믹Niemiec은 긍정심리영화의 덕목과 강점을 개발하는 데 도움을 주는 영화의 특징들을 다음과 같이 설명하였다.


1. 24개의 강점 중 최소한 하나의 등장인물의 강점을 보여주는 영화.
2. 등장인물이 강점에 도달하는 과정에서 겪는 장애, 투쟁, 갈등을 보여주는 영화.

3. 등장인물이 어떻게 장애를 극복하고, 강점을 세우고 유지하는지
   를 보여주는 영화.
4. 영감을 주거나 희망을 보여주는 영화.


이러한 기준들은 전체로서 등장인물과 영화에 적용할 수 있다. 어떤 영화들은 네 가지 기준들을 모두 만족시키지 않지만, 만약 내담자들이 영화를 보고서 감동을 하거나 등장인물들의 강점을 인식한다면 유용한 긍정영화가 될 수도 있을 것이다.

몇몇 영화는 지나치게 낙천적이어서 적절하지 않을 수도 있다. 사실, 긍정영화치료에 효과적인 영화는 꼭 낙천적이거나 명랑한 것만은 아니다. 어두운 영화들도 긍정영화치료의 주제를 다루어 사용될 수 있다. 강점의 반대를 강조하는 영화들은 대리자로서 내담자들이 하지 말아야 할 것과 특정한 목표를 달성하기 위해 하지 말아야 할 행동을 어떻게 하지 않을 수 있는지 배우는 데 유용할 수 있다. 긍정심리학자들은 부정적인 감정들과 불쾌한 경험들이 중요하고, 인간 조건을 향상하기 위한 요소들을 발견하게 해주는 것은 기쁨과 불쾌함, 어둠과 빛, 희극과 비극의 통합이라는 것을 안다. 이런 영화의 '그림자', '어둠'의 측면은 고려되는 강점에 반대되는 것을 묘사함으로써 긍정심리학적 강점에 대해 많은 것을 가르쳐준다.

| 영화 장르movie genre | 묘사된 공통적 강점 |
|---|---|
| 애니메이션animation | 사랑, 친절성, 공정성, 끈기 |
| 코미디comedy | 유머 감각/명랑함 |
| 액션action | 용기, 활력 |
| 로맨스romance, love story | 사랑, 보살핌 |
| 드라마drama, soap opera | 희망, 끈기, 진실성 |
| 다큐멘터리documentary | 감상력, 시민의식 |
| 판타지fantasy | 창의성, 호기심, 희망 |
| 서부영화western movies | 용기, 희망, 겸손 |
| 서스펜스suspense | 끈기, 사회성 지능 |
| 공포horror | 용기, 끈기 |
| 종교religion | 희망, 끈기, 영성 |
| 영성spirituality | 모두 포함 |

10) Niemiec & Wedding, 백승화 외 역, 2011. p. 33. 표 부분 참조.

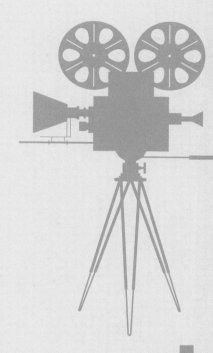

Part 2.
적용

# Part 2. 적 용

　이번 장에서는 긍정심리학의 6개 덕목에서 분류된 24가지 강점을 가진 영화를 선정해, 독자들이 긍정영화치료를 스스로 적용하는 데 가장 기본적인 구조를 제공한다. 영화 속 인물이 가진 성격적 강점과 이들의 강점을 어떻게 발전시키고 유지하는지 알아본다. 특별히 등장인물들이 갖는 장애물과 역경을 극복하는 과정이 잘 묘사되어 있는 내용으로 선정하였다.

# 성격 강점과 덕목: 행복과 의미 있는 삶

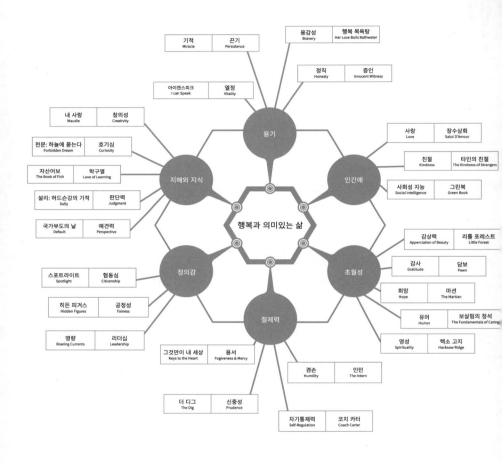

| | |
|---|---|
| 기적<br>Miracle | 끈기<br>Persistence |
| 용감성<br>Bravery | 행복 목욕탕<br>Her Love Boils Bathwater |
| 정직<br>Honesty | 증인<br>Innocent Witness |
| 아이캔스피크<br>I can Speak | 열정<br>Vitality |
| 내 사랑<br>Maudie | 창의성<br>Creativity |
| 천문: 하늘에 묻는다<br>Forbidden Dream | 호기심<br>Curiosity |
| 자산어보<br>The Book of Fish | 학구열<br>Love of Learning |
| 설리: 허드슨강의 기적<br>Sully | 판단력<br>Judgment |
| 국가부도의 날<br>Default | 예견력<br>Perspective |
| 사랑<br>Love | 장수상회<br>Salut D'Amour |
| 친절<br>Kindness | 타인의 친절<br>The Kindness of Strangers |
| 사회성 지능<br>Social Intelligence | 그린북<br>Green Book |
| 감상력<br>Appreciation of Beauty | 리틀 포레스트<br>Little Forest |
| 감사<br>Gratitude | 담보<br>Pawn |
| 희망<br>Hope | 마션<br>The Martian |
| 유머<br>Humor | 보살핌의 정석<br>The Fundamentals of Caring |
| 영성<br>Spirituality | 핵소 고지<br>Hacksaw Ridge |
| 스포트라이트<br>Spotlight | 협동심<br>Citizenship |
| 히든 피겨스<br>Hidden Figures | 공정성<br>Fairness |
| 명량<br>Roaring Currents | 리더십<br>Leadership |
| 그것만이 내 세상<br>Keys to the Heart | 용서<br>Forgiveness & Mercy |
| 더 디그<br>The Dig | 신중성<br>Prudence |
| 겸손<br>Humility | 인턴<br>The Intern |
| 자기통제력<br>Self-Regulation | 코치 카터<br>Coach Carter |

용기

인간애

지혜와 지식

행복과 의미있는 삶

초월성

정의감

절제력

# 첫 번째 덕목: 지혜와 지식
## wisdom & knowledge

지혜와 지식의 덕목은 인지적 강점들인 창의성, 호기심, 학구열, 판단력, 그리고 예견력들을 수반한다. 이것은 종종 다른 덕목들을 가능하게 만드는 핵심 덕목으로 여겨진다. 지혜는 자기의 관심과 타인 그리고 큰 공동체 사이에서의 균형을 맞추도록 하는 실용적인 지능이다. 이 덕목을 묘사하는 영화는 간접적으로 영화 속 다른 인물들로 하여금 통찰과 자기 발견을 하도록 이끄는 인물들이 등장한다(Sternberg, 1985 & 1998).

## 창의성

창의성을 가진 사람은 자신이나 다른 사람의 삶을 의미 있게 이바지하도록 만든다. 또한, 독창적이고 적응적인 생각이나 행동들을 생산하는 사람을 말한다(Peterson & Seligman, 2004). 아래의 영화는 주인공의 인지적인 강점들을 입증한다.

## 내 사랑
Maudie, 2016

| 영화 개요 | 출연 |
|---|---|
| 감독: 에이슬링 월시 Aisling Walsh<br>장르: 로맨스/멜로/드라마<br>국가: 아일랜드, 캐나다<br>등급: 12세 이상 관람가<br>러닝타임: 115분 | 에단 호크 Ethan Hawke: 에버렛 루이스 역<br>샐리 호킨스 Sally Hawkins: 모드 루이스 역 |

## [영화 이야기]

류머티즘 관절염을 앓아 다리가 불편한 모드Maude는 부모님이 돌아가신 후 고모네 집에 맡겨진다. 오빠는 엄마의 집을 팔아버리고 모드는 고모네 집에서도 천덕꾸러기 취급을 받는다. 그러나 성인으로서 돈도 벌고 자기 삶을 살고 싶었던 모드는 우연히 가정부를 구하는 에버렛Everett을 만나 숙식을 받으며 일을 하게 된다. 생선과 장작을 팔고 보육원 일도 도와주면서 생계를 꾸려가는 에버렛은 자기 살림을 도와줄 여자가 필요해서 지역 잡화점에 광고지를 붙이는데, 그 광고지를 들고 모드가 찾아온다. 청소도 서툴고 집안 정돈도 잘하지 못하는 모드가 마음에 안 들어 쫓아내기도 했지만, 무작정 다시 들어와 바닥 청소를 하고 음식을 만들자 마지못해 좁은 집에서 함께 살아간다. 몸도 성치 않고 일도 잘못하는데도 모드는 당당히 숙식 외에 주당 25센트씩 돈을 달라고 하고, 벽면에 그림을 그리고는 에버렛에게 당신이 예쁘게 하라고 해서 그렸다고 한다.

틈만 나면 벽이나 판자에 그림을 그리는 모드에게 어느 날 에버렛의 고객 샌드라Sandra가 생선을 받지 못했다면서 찾아온다. 문을 열고 서서 얘기를 나누던 샌드라는 모드의 뒤에 보이는 귀여운 닭 그림에 관심을 보인다. 또 글을 모르는 에버렛을 위해 모드가 청구서로 만들어 준 그림 카드에 관심을 보이며 그림을 더 그려주면 에버렛이 부른 값의 두 배로 돈을 주겠다고 한다. 카드는 샌드라뿐만 아니라 지역 잡화점에서도 인기가 있어서 그 후 모드는 더 활발히 그림을 그려서 판매한다. 에버렛은 무뚝뚝하고 여자에게 잘해줄 줄 모르지만 두 사람은 집이 좁아 오랫동안 한 침대에서 자고 여느 연인들처럼 밀고 당기는 연애 감정과 서로의 속마음을 나누기도 하고 때로 다투면서 서로에게 끌린다. 모드는 함께 지내는지 오래되었으니 결혼하자고 하고 처음엔 돈이 든다고 거절하던 에버렛도 결심한 듯, 어느 날 두 사람은 가족의 축하도 없는 조촐한 결혼식을 올린다.

그렇게 조용히 집에서 그림을 그려 팔면서 살아가던 모드는 신문에 기사화되고 점점 유명해지기 시작해 닉슨Nixon 미국 부통령까지 편지를 보내고 모드의 그림을 사게 된다. 두 사람의 평온하던 작은 집은 그림을 사러 찾아오는 사람들과 인터뷰하러 오는 방송국 사람들로 붐빈다. 어느 날 오빠 찰스Charles가 신문을 보고 찾아와 돈을 많이 벌 텐데 누군가 관리할 사람이 필요하지 않겠냐고 제안한다. 오빠의 속내를 간파한 모드는 거절하고 에버렛도 반기지 않자 찰스는 아무 그림이나 집어 돈을 내고 간다. 어느 날 잡화점 앞에서 에버렛을 마주친 모드의 고모는 모드에게 한 번 와달라는 말을 전해달라고 한다. 오빠와 고모에게 모드가 어떤 대우를 받았는지 익히 들어 알고 있던 에버렛은 고모의 말을 전하며 가지 말라고 하지만 모드는 혼자 걸어서라도 가겠다며 집을 나선다. 고모는 우리 집안에서 행복을 찾은 건 모드뿐이고 후회를 남기고 죽기 싫다며 모드가 낳았던 아기에 대한 진실을 말해준다. 죽은 줄 알았던 딸이 살아 있다는 사실을 알고 모드는 오열하지만, 에버렛은 모드의 얘기는 듣지 않고 화만 내 두 사람이 다투게 된다. 모드는 차에서 내려 집으로 돌아가지 않고 샌드라 집에서 지내고 있자 에버렛이 며칠 뒤 찾아와 사과하고 모드와 에버렛은 진심을 나눈다. 궁핍하지만 늘 함께였던 두 사람은 서로를 떠나고 싶지 않은 마음을 다시 확인한다.

에버렛은 함께 작은 집으로 돌아가는 길에 모드의 딸이 입양된 집 앞에 차를 세우고 모드가 딸을 멀리서라도 볼 수 있도록 해준다. 건강이 점점 더 악화되어가는 모드를 에버렛이 돌보고 온몸이 불편한데도 모드는 죽기 직전까지 붓을 쥐고 그림을 그린다. "나는 왜 당신이 부족한 사람이라고 생각했을까?" "난 사랑받았어, 에버렛." 이 대화를 마지막으로 모드는 눈을 감는다. 타고난 창의성과 밝은 성품으로 에버렛의 삶을 환하게 밝혀주었던 모드는 그렇게 작은 집을 그림으로 가득 채우고 떠난다.

## [영화 속 강점 묘사]

영화 〈내 사랑〉은 모드의 생애를 담담히 그리며, '창의성'을 중심에 놓지는 않는다. 그러나 주인공 모드의 창의성은 그녀의 전 생애를 예술가의 삶으로 이끌어간다. 그녀의 표현처럼 그녀의 모든 삶은 이미 그림 속에 있었다. 그녀의 창의성은 그녀의 삶에 어떻게 작용했을까?

 행복의 원천, 창의성

모드는 외출을 거의 하지 않는다. 추운 날씨와 성치 않은 몸 때문에 창문을 통해 보는 세상이 그녀의 현실이다. 그래서 모드는 창문이 좋다고 한다. 에버렛과 다투고 샌드라에게 찾아갔을 때, 샌드라는 아무말 없이 모드를 받아주고 대화하며 자기에게 그림을 가르쳐 줄 수 있냐고 묻는다. 모드는 그건 아무도 가르칠 수 없다고 한다. 모드가 설명은 잘하지 못했지만, 그림은 이미 모드의 기억에 새겨지고 창문을 통해 보는 장면이자 그녀의 삶이었기 때문이다. 창의성은 창문이 보여주는 세상을 보는 자기만의 눈이다. 모드의 그림은 언제나 따뜻하고 사랑스럽다. 가족에게도 환영받지 못했던 모드는 무뚝뚝하고 거친 에버렛에게 사랑받았고 그의 작은 집에서 모드는 꽃과 나비로 가득한 낙원을 채색한다. 모드보다 형편이 나았던 고모와 오빠 찰스는 행복해 보이지 않았지만 불편한 몸과 비좁은 집에도 불구하고 붓 한 자루만 있으면 만족하는 모드는 누구보다 행복해 보인다. 창의성은 이렇게 행복의 원천이 된다.

## 자존감의 원천, 창의성

모드는 언제나 당당하고 자세를 낮추지 않는다. 겉모습은 초라하고 아무것도 가진 것이 없지만 누구 앞에서도 주눅 들지 않는다. 그녀는 사람을 보지 않고 사람들의 기준에 맞추지도 않으며 자신의 감정에 솔직하고 가식 없는 성품에 높은 자존감을 지닌 사람이었다. 가정부로 와서도 당당히 추가 임금을 요구하고, 허락 없이 벽에 그림을 그리고도 당당했다. 심한 말로 모욕을 주는 에버렛에게도 좋아한다고 고백하고, 왜 결혼은 되지 않으냐고 따지기도 한다. 개보다 돌보기 힘든 사람이라는 에버렛의 말에 화도 내지 않고, 나는 개보다 나은 사람이라고 얘기한다. 그림을 사고 싶다는 닉슨 부통령의 편지를 받고도 그림값을 먼저 줘야 그림을 준다고 했다.

자존감은 부, 학벌, 직업, 가문이나 신분으로 생기는 것이 아니다. 그것은 모두 외적인 조건이다. 자존감은 내면의 문제이다. 붓 한 자루만 있으면 기억 속에 있는 장면을 그리는 데 몰입하게 되고, 그러한 몰입 상태에서는 세상이 보는 사람의 외적 조건들이 모두 중요하지 않게 되는 것이다. 모드는 등과 손이 굽고 붓을 쥐기도 힘들 정도로 마디마디가 아파도 붓을 손에서 놓지 않았다. 그림을 그리는 그녀의 모습을 보면 그림과 자기 자신만 존재한다. 모드의 창작열은 그녀를 세상이 보는 외적 조건을 초월한 멋진 예술가로 만들어 주었다.

## [긍정심리 영화치료]

'창의성'은 어디서부터 오는 것일까?

모드의 창의성은 호기심과 연상력과 관련이 있다. 몸이 불편한데도 불구하고 혼자서 클럽에 가서 춤을 추다 오는 등 모드는 세상에 대한 호기심이 많이 있었던 것으로 보인다. 고모에게 혼이 나면서도 벽에 그림을 그리곤 했다. 또 에버렛과 화해하던 날 나누는 대화에서 모드에게 뛰어난 연상력이 있음을 볼 수 있다. 다른 사람들이 대수롭지 않게 보는 구름 한 조각을 보고도 어떤 이미지를 떠올리는 능력이 있는 것이다. 아마 그녀의 머릿속은 이러한 이미지들로 가득했을 것이다.

창의성은 배워서 얻는 것이 아니다. 그러나 창의성은 창작으로 이어지고 드러날 때, 내면의 문을 열어두어야 구현된다. 그렇게 창의성은 사람을 몰입이라는 상태로 이끈다. 몰입은 성공과 행복의 아주 중요한 핵심이고 해결책을 끌어내는 창의성의 얼굴이다.

또한, 창의성은 끊임없이 솟아나는 샘물과 같아서 열정을 불러일으킨다. 그것이 억누를 수 없는 창작열의 기전이다.

영화 속 한 마디

"당신의 시선을 보고 싶어요."
"우리 중에 너만 행복을 찾았구나."
"내 인생 전부가 이미 액자 속에 있어요. 바로 저기에……."

영화가 주는 질문과 해결책에 대한 지침

√ 상상 속에서 늘 그리는데 세상에는 없는 것이 있는가?
√ 자기 눈이 닿는 곳에 무엇이 있는가?
√ 어려서부터 아무 이유 없이 끊임없이 하고 싶은 것이 있다면 그것

은 무엇인가?

√ 새로운 방법이나 아이디어가 있다면 어떤 것인가?

# 호기심

호기심은 새로움 또는 신기함을 추구하고 있는 경험에서 흥미를 느낀다. 그리고 지식을 얻고자 하는 인간의 본질적인 욕구를 포함한다. 호기심 있는 사람들은 현재 자신이 하는 경험에 흥미가 있으며, 그 경험 자체로서 만족을 얻는다. 과학자나 탐험가들은 호기심 있는 사람의 좋은 예이다(Peterson & Seligman, 2004).

## 천문: 하늘에 묻는다
Forbidden Dream 2018

| 영화 개요 | 출연 |
|---|---|
| 감독: 허진호 | 최민식: 장영실 역 |
| 장르: 시대극 | 한석규: 세종대왕 역 |
| 국가: 한국 | 신 구: 영의정 역 |
| 등급: 12세 이상 관람가 | 김홍파: 이천 역 |
| 러닝타임: 132분 | 김태우: 정남손 역 |

### [영화 이야기]

임금이 타는 안여(安輿)가 부서져 그 제작을 감독한 대호군 장영실이 의금부에서 국문을 받는다. 1442년 3월 16일 세종실록에 의하면 안여 사건 4일 전, 명나라 사신 오양이 오만한 태도로 '감히 황제만이 할 수 있는 천문 연구를 한 죄를 물을 테니 조선이 용서받으려면 천문기구를 전부 파괴하고 제작자를 명으로 압송하라'라는 조서를 낭독시키자, 이에 분개한 세종은 일어나려다가 쓰러지고 조정은 장영실의 거취와 간의에 대해 논쟁한다. 장영실을 절대 명으로 보내선 안 된다는 형조판서 이천과 당장 장영실을 잡아들이고 천문사업을 중단해야 한다는 사헌부 대사헌 정남손이 대립하는데, 영의정은 "우리 주상이 설마 조선을 위험에 빠뜨리겠는가"라며 중재한다.

한편, 선공감에서 세종이 탈 안여를 점검하던 장영실은 서운관에서 간의를 비롯한 천문관측기기를 실어나르고 있다는 전갈에 황급히 뛰어가 막으려 어명이란 말을 듣고 허망하게 털썩 주저앉는다. 기운을 차린 임금 앞에 장영실이 달려와 억울함을 호소하며 울부짖는데 어째 임금의 표정이 예전과 같지 않고 서늘하다. 어두운 얼굴로 장영실에게 그만 쉬라고 하는 임금에게 장영실은 전하의 꿈을 이룬 게 죄냐고 읍소하지만 '그게 네 죄다'라는 대답을 들을 뿐이다.

세종과 장영실의 첫 만남은 20년 전인 세종 4년, 훼손된 물시계의 개형도를 복구한 뛰어난 재능의 관노 장영실이 임금에게 소개된다. 장영실은 조선에 맞는 물시계를 만들겠다고 하고 그 말을 들은 세종은 미소를 짓는다. 세종의 후원을 받아 장영실은 결국 물시계 모형 제작에 성공하고 시연을 한 뒤 본격적으로 물시계 제작에 착수한다. 관노 출신인 장영실이 자료를 찾아 서운관에 드나드는 것을 불만스러워하는 최천구에게 뺨을 맞기도 하던 장영실은 세종의 명으로 면천이 되고 벼슬을 내린다는 교지를 듣고 감격의 눈물을 흘린다.

장영실의 벼슬을 시기하는 신료들의 다툼과 반대로 품계 조정에 대한 영의정의 의견을 받아들여 절충하면서 장영실은 나중에 종3품 대호군 자리까지 오른다. 이후 물시계 자격루의 설계도를 완성한 장영실은 자격루를 제작하는 과정에서 최천구의 인정을 받고 대소신료들 앞에서 직접 시연하여 성공하는 모습을 보여준다. 이제 밤이 되어도 해시계 없이 정확한 시간에 맞춰 생활할 수 있게 되었다며 좋아하는 세종의 모습에 장영실도 기뻐한다. 이렇게 세종은 장영실을 곁에 두고 조선의 과학 발전에 힘을 쏟게 되는데 이후 20여 년 동안 수많은 과학기기가 그로부터 제작된다. 세종은 장영실과 친구처럼 나란히 누워 밤하늘의 별을 보며 마음을 나누기도 하면서 우정을 나눈다.

세종은 중국의 역법이 조선과 맞지 않아 농사에 어려움이 있으니 조선의 역법을 만들기 위해 장영실에게 천문 관측을 할 수 있는 조선의 간의를 만들라고 한다. 최만리, 정남손의 반대도 세종은 웃어넘기며 장영실과 간의 제작을 진행한다. 비구름은 물러가고 별이 보이는 맑은 밤에, 세종은 마침내 완성된 간의대에 오르고 간의를 이용해 천체를 관측한 결과 조선에서 본 별자리가 중국과 다르고, 조선이 중국 남경(당시 명의 수도)보다 시차가 반 시진(1시간) 빠르다는 것을 알아낸다. 세종은 조선의 절기를 알아낸 것을 크게 기뻐하는데, 영의정을 비롯해 이 모습을 지켜보던 대신들은 이 행위가 명나라를 배반하는 것이고 결국 명나라의 침공 명분이 될 거라고 걱정하고, 정남손은 명나라에게 이 사실을 밀지로 알려서 큰 화를 면하는 게 낫겠다며, 일단 주상과 장영실의 사이를 떼어 놓는 게 좋겠다고 제의한다.

안여 사고 3일 전, 간의는 철거되고 뒤이어 각종 천문기기를 불태운다. 장영실은 서운관에 폐인처럼 주저앉아 남은 천문기구 부품을 조립하려 몰두하고 있다가 포졸들을 이끌고 온 정남손이 장영실을 끌고 간다. 세종은 임금의 허락도 없이 장영실을 옥에 가둔 것에 분노하는데, 영의정은 눈치를 살피더니 조선을 위해선 어쩔 수 없었다며 명나라의 사대를 가볍게 여겨선 안 된다는 말에 세종은 너희들은 도대체 어느 나라의 신하냐며 소리친다.

안여 사건은 당시 새로운 문자를 만들고 있던 세종이 일을 꾸민 일인데, 장영실의 집을 수색하다 활자를 발견한 정남손이 영의정에게 보여주어 그는 새로운 문자가 주상과 조선에 더욱 위험할 수 있다고 생각한다. 안여 사고를 꾸미며 명나라와 내통한 자들의 역모를 처단하려던 세종의 계획은 새로운 문자와 장영실의 사면이 변수가 되어 예상치 못한 새로운 국면에 다다른다. 이를 눈치챈 장영실은 세종의 언질과 도망칠 기회를 알았음에도 불구하고 자신이 나서서 죄를 뒤집어쓴다. 자신이 역모를 꾸몄다고 거짓 자백한 장영실은 장형 80대를 맞은 후 역사의 기록에서 사라진다. 그리고 2년 후 조선의 역법서인 칠정산이, 또 그 2년 후에는 훈민정음이 반포되었다.

## [영화 속 강점 묘사]

세종이 장영실을 알아본 것은 같은 호기심을 가졌기 때문이다. 두 사람이 마음이 통하고 이해와 신뢰를 바탕으로 한 우정을 나눌 수 있었던 것도 마찬가지이다. 조선의 역법, 조선의 물시계, 조선의 간의 등 그들의 호기심은 하늘과 시간에까지 뻗어 있다.

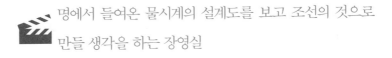

명에서 들어온 물시계의 설계도를 보고 조선의 것으로 만들 생각을 하는 장영실

코끼리가 없어서 물시계는 만들 수 없겠다고 답하던 장영실은 바로 코끼리는 허상이고 조선은 조선의 물시계를 만들면 된다고 한다. 밤에는 시간을 알 수 없던 당시 물시계 설계도만 보고도 이런 생각을 할 수 있었던 장영실의 호기심은 수많은 과학기기의 제작으로 이어진다. 과학도만이 아니라 새로운 지식과 지혜를 얻고 싶은 사람들에게 이러한 호기심은 반드시 필요하다.

## 🎬 영원한 것을 만들고 싶은 세종

장영실을 알아본 세종도 뛰어난 천재였다. 백성들 모두가 글을 읽고 쓸 수 있는 세상을 꿈꾸며 문자를 개발한 세종은 어디에도 빼앗기지 않을 영원한 것을 만들고 싶었다고 한다. 그렇게 만든 한글은 영원한 대한민국의 문자가 되었다. 이것을 처음엔 장영실도 이해하지 못했고 어느 사람도 그런 세상을 꿈꿔보지도 못했다. 세상에 없던 것을 만들어 내는 것, 그것이 호기심의 가장 뛰어난 결과물이 아닐까?

## [긍정심리 영화치료]

인생은 새로운 것에 대한 도전의 연속이다. 호기심이 많은 사람은 도전에 적극적이고 흥미로운 삶을 살 수 있다. 호기심은 창조적이고 즐거운 삶에 필수적인 강점이다. 아무것도 하지 않으면 아무것도 이루어지지 않는다. 호기심을 통해 실패도 성공도 경험할 수 있지만, 그것을 통해 얻는 즐거운 삶이 행복을 가져다줄 수 있으며 이는 중요한 강점이다.

영화 속 세종과 장영실은 조선에 맞는 것들에 대한 과학적 호기심이 아주 많았다. 탐구자도 사람의 호기심이 만나 조선의 과학이 꽃피게 된다. 영화 이야기의 초점은 두 사람의 과학적 발명과 발견 너머에 있지만, 신분과 상관없이 호기심이라는 강점이 인물의 특성으로 잘 묘사되었다.

## 영화 속 한 마디

"무슨 원리냐?"

"생각해보니 코길이(코끼리)는 없어도 될 것 같습니다. … 조선의 것으로 조선에 맞는 것을 만들면 됩니다."

"제대로 한 번 만들어보거라."

"조선은 조선만의 언어와 시간이 있어야 한다."

"신분이 무슨 상관이야, 이렇게 같은 하늘을 보면서 같은 꿈을 꾸는 것이 중요한 것이지."

## 영화가 주는 질문과 해결책에 대한 지침

√ 원리나 원칙이 궁금했던 것이 있었나?

√ 내 인생의 별은 무엇인가?

√ 나의 하늘은 무엇인가?

√ 지금 나의 호기심을 가장 끄는 것은 무엇인가?

√ 호기심을 통해 즐거움을 발견했던 경험은 무엇인가?

# 학구열

학구열은 자신에게 있어서든 형식적으로든 새로운 기술, 주제, 지식을 터득하면서 기쁨을 느끼는 강점이다. 배움에 대한 사랑은 호기심의 특별한 경우이다. 그리고 배움에 대한 강렬한 사랑을 가진 사람들은 체계적으로 그들의 지식을 쌓아간다. 그들이 새로운 지식, 기술이나 주제에 대해 숙달되어감에 따라 그들은 배우는 데 자신감을 얻게 되고 배우는 과정을 즐기게 되며 그저 좋아한다는 이유만으로 배우기를 원하게 된다(Peterson & Seligman, 2004).

## 자산어보
The Book of Fish 2019

| 영화 개요 | 출연진 |
|---|---|
| 감독: 이준익<br>장르: 시대극<br>국가: 한국<br>등급: 12세 이상 관람가<br>러닝타임: 126분 | 설경구: 정약전 역<br>변요한: 창대 역<br>이정은: 가거댁 역 |

때는 순조 1년인 1801년, 조선의 총명한 학자 3형제 정약전, 정약종, 정약용은 서학을 받아들였다는 이유로 핍박을 받다가 정약종은 처형을 당하고 정약전과 정약용은 유배를 간다. 영화는 정약전의 유배지인 흑산도를 배경으로 어류도감을 쓰는 정약전과 그의 제자 창대의 이야기를 보여준다. 정약전은 선왕인 정조로부터 서학이 그의 약점이 될 수 있으니 주의하라는 말과 온갖 음해에도 버티라는 조언을 들었다. 정조 사후, 11세의 나이로 즉위한 순조에게 정약용, 정약전을 제거할 기회를 노리던 신하들은 그들이 황사영 백서 사건에 연관되었다는 이유로 처벌할 것을 요구한다. 수렴청정하던 정순왕후는 선왕이 아끼던 두 신하를 처벌하고 싶지 않은 어린 순조에게 신하들의 뜻을 따를 것을 종용한다. 결국, 의금부로 끌려가 심문을 받던 정약종은 서학을 버리지 않아 처형당하고, 정약전은 황사영과 뜻이 다르다는 점을 적극적으로 호소하고 스스로 변론하여 정약용과 함께 처형을 면하고 유배를 가게 된다. 정약용을 흑산도로, 정약전을 강진으로 보내려다 정약전이 더 위험한 인물이라고 판단해 둘의 유배지를 바꾼다.

흑산도에 도착한 정약전에게 가거댁이라는 과부가 방을 내주고 손님으로 모신다. 곧 정약전은 물고기에 대해서도 해박하고 글을 읽는 창대라는 마을 청년을 만나는데, 창대는 장진사라는 양반이 홍어 수

급 목적으로 흑산도에 다녀가면서 생긴 양반의 서자라는 사실을 알게 된다. 창대는 대역죄인으로 유배를 온 양반에게 불친절하게 대하지만 정약전은 섬에 책이 얼마 없어 늘 책을 갈망하는 창대에게 글을 가르쳐 주겠다며 다가간다. 창대는 사람답게 살기 위해서 글공부를 한다고 했으나 정약전은 출세하고 싶은 그의 심중을 꿰뚫어 본다. 새로운 물고기들을 접하고 신선한 해산물 요리를 맛보면서 어류에 관심이 생겨 책을 쓰고 싶었던 정약전은 창대가 대학(大學)을 읽는 것을 알고 물고기에 대한 창대의 지식과 성리학에 대한 자신의 지식을 맞바꾸자며 거래를 제안한다. 자신이 죄인을 돕는 것이 아니라 거래라는 명분이 마음에 들었던 창대는 해석하기 어려웠던 대학의 한 구절을 풀어달라고 요청하고 이를 술술 풀어 해석해주는 정약전에게 마음을 열고 스승으로 받아들이며 그의 제자가 된다.

정약전은 이제는 확실하고 분명한 사물을 연구하겠다는 생각으로 어류도감 저술에 힘을 쓴다. 가끔 강진에서 저술과 제자 양성에 힘쓰는 정약용과 편지를 주고받는데, 창대는 편지를 전달하러 정약용에게 가기도 한다. 제자를 칭찬하는 편지를 읽고 정약용은 창대에게 시를 지어보라고 한다. 겸손히 자기를 낮추지만, 창대는 어느덧 시를 지을 수 있을 만큼 학문이 깊어졌다. 공부를 계속하면서 달라지는 창대를 보고 마을 사람들은 정약전에게 아이들을 가르쳐 달라고 요청한다. 그래서 서당을 열게 되는데 정약전은 창대에게 가르치라고 부탁한다.

어느덧 혼인하고 자녀 둘을 두고 있던 창대의 뛰어난 학식은 소문이나 아버지 장진사의 귀에 들어가고, 어느 날 장진사는 흑산도에 와서 창대에게 뭍으로 나와 과거를 보라고 제의한다.

흑산도에 온 지 14년, 정약용의 유배는 풀리지만, 정약전에게는 아직 소식이 없다. 그러나 곧 풀릴 것으로 생각해 정약전은 육지에 가까운 우이도로 거처를 옮기기로 하고, 창대에게 같이 가자고 한다. 그러나 정약용의 목민심서대로 세상을 바꾸길 원했던 창대는 물고기 도감만 쓰고 있는 정약전이 꿈꾸는 평등한 세상과 학문에 대한 생각을 이해하지 못하고 실망감을 표출하며 충돌한다. 결국, 창대는 장진사를 따라 가족과 육지로 가고, 정약전은 가거댁과 자식들을 데리고 우이도로 간다.

과거에 합격한 창대에게 장진사는 나중에 현감 자리 하나 사주겠다며 당분간 나주 목사 밑에서 일을 배우라고 한다. 그러나 창대가 마주한 것은 정해진 군포 외에 갓난아기나 죽은 사람에까지 징세하는 식으로 수탈해 자기 배를 채우는 벼슬아치들이 권세를 쥐고 있는 현실과 백성들의 비참한 생활이었다. 옳은 소리를 하고자 술을 대접하며 대화를 해보려 했지만 모두 한마음으로 창대를 비웃는다. 나주 목사와 장진사까지 창대가 물정을 모른다는 식으로 얘기하는데 충격을 받아 비틀거리며 자리를 뜬다. 그때, 어느 가족에게서 마지막 남은 재산인 소까지 빼앗아 오는 모습과 뒤따라온 남자가 차라리 남자구실을 안 하겠다며 낫으로 성기를 자르는 소동이 벌어지는 것을 목격한다. 잘린 성기를 들고 항의하는 부인을 끌어내리려는 아전의 행동에 분노해 그의 목을 졸라 죽일 뻔한다. 다행히 죽지는 않아 참수형은 면하지만, 창대는 이상과 다른 현실에 크게 좌절해 모든 것을 내려놓고 흑산도로 돌아간다.

정약전은 건강이 쇠약해져 눈에 띄게 수척해지지만, 여전히 저술을 계속한다. 소라 껍데기를 보고 나라에 무슨 일이 생기면 소라 껍데기가 스스로 소리를 낸다고 했던 창대의 말을 생각하던 정약전은 그렇게 마지막까지 어류도감 '자산어보'를 집필하다 숨을 거둔다. 창대는 돌아가는 뱃길에서 아내의 권유로 우이도에 들르는데 생각지도 못했던 스승의 장례를 망연자실한 얼굴로 바라본다. 가거댁이 전해주는 편지와 자산어보를 가지고 흑산도로 가는 배 안에서 아내 복례가 '흑산도가 가장 살기 좋더라'라고 하자, 창대가 '흑산도가 아니라 자산도'라고 대답하고 흑산도와 바다를 화면 가득 채우며 영화는 끝이 난다.

## [영화 속 강점 묘사]

200여 년 전에 정약전이 기록한 최신식 어류백과사전 '자산어보'는 근대어류학의 시조로 그 가치가 높이 평가된다. 이러한 학문적 업적을 남긴 정약전의 시대를 앞서간 사고방식과 지식의 깊이를 잘 묘사한 이 영화에서 우리는 '학구열'이라는 놀라운 강점을 볼 수 있다. 학구열은 학문을 탐구하는 열정이다. 그저 책을 많이 읽고 문제를 많이 풀고 종국에 출세하는 방법이 학문일까? 정약전의 학구열은 진실하고 진지했다. 서양의 학문인 서학을 받아들일 수 있었던 것은 전혀 다른 분야지만 그것을 알아보는 안목과 학식이 있어서 가능했다. 서양 배에서 흘러나온 지구의를 건져 온 창대에게 우리가 사는 땅이 둥글고, 달과 지구가 서로 끌어당기고 있으며, 이를 알고도 서양인들은 천주님을 믿었다는 진리를 알려주는 장면에서 그의 학구열은 드러난다. 그렇다면 죽는 순간까지 저술을 멈추지 않던 그의 학구열은 어떤 장면에서 가장 잘 드러나고 있을까?

 학문의 목적과 영향력을 알고 매진하는 정약전

창대는 물고기에 대해서는 잘 알지만 이를 글로 쓰자는 말에 의아해한다. 정약전은 이 지식으로 도움을 얻게 될 사람들이 더 있다는 사실을 안다. 얼마나 많은 사람에게 영향력 있는 정보가 될지, 즉 학문의 소용됨을 알았던 것이다. 이를 알기 때문에 정약전은 죽는 순간까지도 지필묵을 손에서 놓지 않았다. 자신이 연구하고 알게 된 것을 모두 남기고 가려는 마음도 있었지만, 그 근저에 학문에 대한 뜨거운 열정이 있었다. 몰랐던 것을 알게 됨으로써 사람의 식견을 넓혀 그 삶을 이롭게 하는 학문 그 자체를 사랑했던 것이다.

 사람이 믿고 따를 도리로서 학문을 존중하고 사랑했던 창대

창대는 주변에 아무도 글을 읽는 사람이 없고 심지어 책을 구하기도 어려운 섬에서 홀로 글공부에 매진한다. 그렇게 할 수 있었던 이유는 글을 배워야 사람의 도리를 할 수 있다고 생각했기 때문이고, 더 나아가 학문을 사랑하는 마음으로 존중했기 때문이다. 그래서 배운 자들의 부정부패에 크게 실망감을 느끼게 된 것이다. 출세만을 생각했다면 타협했을 수도 있는 상황에서 창대는 다시 흑산도로 돌아오는 길을 선택한다.

[긍정심리 영화치료]

새로운 것을 배워서 알게 될 때 기쁨을 느끼는 사람은 학구열이 있는 사람이다. 이 강점이 있는 사람은 배움의 기회를 소중히 여기고 학습에 투자한다. 지식을 가치 있게 여기는 사람에게서 학구열은 빛이 난다. 이런 학구열은 호기심과 연결되어 함께 지혜와 지식 강점에 속한다. 정약전과 창대가 사랑한 학문은 삶에 대한 그들의 지혜를 발전시켰다.

영화 속 한 마디

"주자(주자학)는 참 힘이 세구나."

"호기심 많은 인간에게 낯선 곳만큼 좋은 것이 또 어디 있겠는가."

"성리학과 서양 학문은 적이 아니라 벗이다. 벗을 깊이 알면 내가 깊어진다."

영화가 주는 질문과 해결책에 대한 지침

√ 내가 알고 싶은 것은 어떤 것인가?

√ 새로운 것을 배우면서 기쁨을 느낀 적이 있나?

√ 자신의 지식의 지평을 넓혀주는 배움을 경험했던 적이 있나?

√ 누군가에게 가르쳐줄 기회가 있다면 무엇을 가르쳐주고 싶은가?

# 판단력

판단력이 뛰어난 사람은 모든 측면에서 다각적으로 분석하고, 생각하고 검토한다. 모든 측면을 고려하여 조사하고 판단하며 모든 증거에 공평하게 무게를 둔다. 그들은 바로 결론으로 뛰어넘지 않는다 (Peterson & Seligman, 2004).

 설리: 허드슨강의 기적
Sully 2016

| 영화 개요 | 출연진 |
|---|---|
| 감독: 클린트 이스트우드<br>　　　Clint Eastwood<br>장르: 드라마<br>국가: 미국<br>등급: 12세 이상 관람가<br>러닝타임: 96분 | 톰 행크스 Tom Hank: 체슬리 설렌버거 역<br>아론 에크하트 Aaron Eckhart: 제프 스카일스 역 |

[영화 이야기]

실제 '허드슨의 기적'이라 불리는 US 에어웨이즈 1549편 여객기 불시

착 사고 실화를 기반으로 한 영화이다. 평생을 비행기 기장으로 일해 온 설리Sully(체슬리 설렌버거Chesley Sullenberger)는 어느 날 평범한 로컬 비행에서 갑작스러운 새 떼와의 충돌로 양쪽 엔진이 모두 망가져 추진력을 잃은 상황에서 매우 빠른 판단으로 비행기를 허드슨강에 비상착륙시킨다. 가장 가까운 공항에 착륙하려 했지만 이미 불가능한 상태임을 알아차린 설리의 정확한 판단력 덕분에 허드슨강에 내려앉은 비행기는 물이 차오르기 시작하고, 사람들은 기장 설리의 지시에 따라 모두 대피하기 시작한다. 구명정과 비행기 날개 위로 나온 사람들을 발견한 배가 이들을 구조하기 위해 다가오고, 설리는 비행기 내부를 구석구석 살피며 혹시 남은 사람이 있는지 확인한다. 기적적으로 155명의 승객과 승무원들 모두 생존했다는 뉴스 보도로 인해 기장 설리는 영웅이 된다.

그러나 보험사와 항공사 측 입장은 달랐다. 혹시 가까운 공항으로 회항할 가능성이 있었는지 여러 번 시뮬레이션을 해보고 공청회를 열어 사고를 조사한다. 조사가 끝날 때까지 집에 돌아가지도 못하고 호텔에 대기하면서 기장 설리는 자신을 영웅으로 대접하는 언론과 시민들의 찬사에도 불구하고 혹시 자신이 잘못 판단하고 섣부른 결정을 하여 승객들을 위험에 빠뜨릴 뻔한 것은 아닌지 혼란스러워하며 밤마다 항공기가 뉴욕 도심 한가운데에 추락하는 악몽을 꾼다. 부기장인 제프 스카일스Jeff Skiles는 비상대처 방침대로 했다면 155명 모두 죽었을 것이라며 설렌버거 기장이 보조 동력장치를 재빨리 가동했기에 살 수 있었음을 강조한다. 보조 동력장치 가동은 방침에 의하면 15번째 순위에 있었는데, 설리 기장의 판단이 매우 빠르고 정확했음을 피력한 것이다.

　조사 과정에서 설리는 '충돌 후 좌측 엔진이 최소 추력으로 작동 중'이었다는 조사관의 말을 듣고 충격을 받는다. 이 말이 사실이라면 무리하게 허드슨강에 내리지 않아도 항공기가 충분히 근처 공항까지 회항할 수 있었음에도 설리의 선부른 판단으로 모두를 위험에 빠뜨릴 뻔했다는 결론이 나온다. 게다가 때마침 설리는 최근 항공 안전 컨설팅을 하는 개인 사업을 시작했는데, 그마저도 오해를 살 수 있는 상황이었다. 정말 그는 자신의 사업을 위해 과잉 대처를 했던 것일까? 더구나 에어버스에서 실시한 컴퓨터 시뮬레이션 결과 첫 회항 결정지였던 라과디아, 두 번째 회항 예상지였던 테터보로 공항에 각각 20회 모두 무사 착륙했다는 결과까지 나와 설리는 더욱 혼란스러워한다. 사고 과정을 거듭 곱씹어 생각하던 중 사고에 관한 뉴스를 보다가 무언가를 깨달은 듯 전화를 걸어 공청회에서 음성기록을 듣기 전 조종사가 직접 조종하는 시뮬레이션 영상을 틀어달라고 요청한다.

　공청회 자리에서 시뮬레이션 영상을 확인하자 객석은 술렁인다. 그러나 설리는 시뮬레이션에 '인적 요소'가 빠져 있음을 지적한다. 시뮬레이션을 시행한 조종사들이 얼마나 연습했는지 묻자 17회의 연습을 했다는 대답에 시뮬레이션 파일럿들이 새 떼 충돌 직후 마치 기계처럼 즉

시 라과디아나 테터보로로 회항하는 모습을 지적하며 '타이밍의 차이'를 언급한다. 설런버거와 스카일스는 이런 상황을 가정한 훈련조차도 해본 적이 없었고, 시뮬레이션과 달리 155명의 목숨을 담보로 하는 실제 상황이었다는 점이 고려되어야 한다는 것이다. 그리하여 설리의 주장대로 충돌 직후 이에 대한 상황 판단과 해결 시도에 일정 시간이 걸리고 기수를 돌리게 된다는 점이 인정되었고, 이를 고려해 회항을 결정하기까지 35초를 설정하여 시뮬레이션을 재시도한 결과 라과디아로 회항하는 경우 13번 활주로 앞에서 제방에 추락하고, 테터보로로 회항하는 경우는 공항에 못 미쳐 도심 한복판에 추락하는 결과가 나온다. 모두 섬뜩한 추락 영상을 숨죽이고 보면서 설리의 주장대로 회항할 수 없었음을 인정할 수밖에 없는 분위기가 된다.

뒤이어 당시 상황의 블랙박스 기록을 듣는데 설런버거 기장과 스카일스 부기장의 놀랍도록 침착한 태도와 대처가 그대로 전달되며 분위기는 더욱 숙연해진다. 그리고 결정적으로 실제 항공기의 왼쪽 엔진을 회수해 검사한 결과 설리의 말대로 왼쪽 엔진은 그야말로 처참하게 파괴되어 정지된 상태였음이 밝혀진다. 마지막으로 조사관 엘리자베스 Elizabeth가 데이터 고장으로 잘못 생각했다는 것과 설리와 제프의 훌륭한 대처를 인정하고, 미안하다고 정식으로 사과를 한다. 모두 기립 박수를 보내며 설리의 공로를 격려할 때, 설리는 승무원과 승객 155명 전원, 관제탑, 강에서 승객을 구조한 페리 승무원, 경찰과 소방 당국 등 모두에게 공을 돌린다. 그리고 스카일스 부기장은 이런 상황이 다시 일어나게 된다면 이번과는 다른 선택을 할 것이냐는 질문에 "물론입니다. 저라면 7월에 할 것 같네요."라고 재치 있게 답을 해 공청회장의 무거운 분위기를 풀어주며 모두 웃게 한다.

## [영화 속 강점 묘사]

 침착한 태도로 쌓아온 40년의 비행경력

설리의 태도는 모든 순간 놀랍도록 침착하다. 새 떼와 충돌해 엔진이 추진력을 잃고 있을 때부터 비상착륙을 할 때까지 냉철하고 침착한 그의 태도는 관제탑과의 통신과 승객들에게 하는 방송에서도 잘 드러난다. 오랜 기간 기장으로 일해오면서 침착한 태도가 몸에 배어 있음을 유추할 수 있게 해준다. 어떤 오해를 받거나 생각과 다른 결과를 듣더라도 감정이 동요하거나 섣부른 말과 행동을 하지 않고 깊이 생각하는 모습을 보인다.

 자기 일에 대한 자부심과 자기 신뢰

설리의 판단력은 기장으로서의 투철한 직업정신과 인간성, 가치관 그리고 철학을 바탕으로 한 자부심과 자기 신뢰에서 비롯되었다. 사고 당시 설리는 승객을 가장 우선으로 생각한다. 물이 허리까지 차오른 상황에서도 끝까지 남은 사람이 없는지 여기저기 살펴보면서 가장 마지막으로 비행기에서 빠져나온다. 구조된 이후에도 계속 구조된 사람들의 수를 확인한다. 승객과 승무원을 합해 155명 전원 구조되었다는 것을 확인한 후에야 비로소 안도하며 아내에게 전화를 걸어 안심시킨다. 이처럼 자기 몸의 안위를 우선시하지 않고 자신이 책임지고 있는 사람들부터 챙기는 것은 투철한 직업정신이고, 이는 자기 일에 대한 자부심과 연결된다. 다른 사람의 안전을 책임지고 운행하는 파일럿으로서 자기 신뢰가 없다면 이토록 이타적일 수가 없다. 이러한 바탕에서 설리는 빛나는 판단력을 보여준 것이다. 자기를 의심하고 확신하지 못하면 아무것도 판단할 수 없는데, 이는 사고 조사 과정에서도 여실히 드러난다. 설리 기장은 자기 신뢰가 흔들릴법한 조사 결과를 들을 때마다 자신이 제대로 판단했는지를 심사숙고한다. 결국, 공청회에서 설리는 확고한 설득과 주장으로 자신이 정확히 판단했음을 증명한다.

## [긍정심리 영화치료]

설리의 판단력은 비행기가 추락해 모두 죽게 될 수도 있는 긴박한 상황에 빛났다. 판단력은 객관적으로 상황을 보고 감정보다 이성적으로 생각했을 때 발휘된다. 우리 삶에는 이러한 강점이 필요한 순간이 많고 판단력은 문제 해결에 필수적이다.

영화 속 한 마디

"추락이 아니라 비상착륙이었습니다."

"계산할 시간이 없었습니다. 40년간 수천 번의 비행으로 익힌 고도와 속도에 대한 제 경험에 의지했죠. 직감을 따랐습니다. 승객들을 위한 최고의 선택이었지요."

"엔지니어는 조종사가 아니니까요. 그들이 틀린 겁니다. 현장에 있지도 않았고요."

"오늘은 아무도 죽지 않습니다."

"지난 42년간 수천번의 비행을 했지만, 세상이 나를 판단하는 것은 그날 단 한 번의 208초간의 비행이다. 그러니 우리는 잊지 말아야 한다. 언제 어디서든 옳은 일을 해야 한다는 것을. 그리고 최선을 다해야 한다는 것을. 우리 삶의 어느 순간이 판단 기준이 될지 결코 알 수 없기 때문이다."

## 영화가 주는 질문과 해결책에 대한 지침

√ 어려움이 닥쳤을 때 침착한 태도를 유지하려면 어떻게 해야 할까?

√ 침착하게 판단하는 습관을 들이려면 무엇을 해야 할까?

√ 성급한 판단으로 일을 그르친 적이 있었나?

√ 자신을 신뢰할 수 없다고 느낄 때는 언제였나?

# 예견력

　예견력이 뛰어난 사람들은 다른 사람들과 현명하게 상담한다. 또한, 자기 스스로 다른 사람들을 이해하는 세계관을 가지고 있다. 그들은 경험을 참고해 자신들의 문제를 해결하려 한다. 이것은 너나없이 모두 수긍하는 세상의 이치를 정확히 아는 능력이다(Peterson & Seligman, 2004).

 ## 국가부도의 날
Default 2018

| 영화 개요 | 출연진 |
|---|---|
| 감독: 최국희 | 김혜수: 한시현 역 |
| 장르: 드라마 | 유아인: 윤정학 역 |
| 국가: 한국 | 허준호: 갑수 역 |
| 등급: 12세 이상 관람가 | 조우진: 재정국 차관 역 |
| 러닝타임: 114분 | 뱅상 카셀: IMF 총재 역 |

## [영화 이야기]

1990년대 한국의 IMF 사태 실화를 바탕으로 위기에 대응하는 사람들의 상반된 모습을 보여주는 영화로 현재까지 이어져 오는 한국의 모습을 적나라하게 묘사하고 있다. 미국의 증권시장에서 모든 투자자는 당장 한국을 떠나라는 메시지가 화면에 뜨면서 영화는 시작한다. 외국 투자자들이 떠나기 시작하고 외화 보유액이 바닥날 것이 예견되던 시점에 한국은행에서 일하던 한시현은 이대로라면 일주일 후 한국은 부도가 날 것이라며 당장 재정담당자들을 불러 모아 대책을 세워야 한다고 주장한다. 한국은행 총재는 재정국 차관을 만나 실상을 알리지만 생각지 못한 반응이 나오고 언론에 사실을 알리지 않는다.

그릇을 만드는 작은 기업을 운영하는 갑수는 백화점에 납품 계약을 맺고 어음을 받는다. 어음을 내켜 하지 않는 그에게 동업하던 친구가 요즘 누가 현금거래를 하느냐고 하자 괜찮겠지 생각하면서 어음을 받고 계약을 한다. 집에 와서 백화점에 5억짜리 납품 계약을 했다고 하자 아내는 좋아한다. 종합금융사에서 일하는 윤정학은 관광버스로 투자자들을 데리고 나들이 다녀오다가 시청자의 사연을 읽어주는 라디오 프로를 우연히 듣고 경제 상황이 보도와 달리 심상치 않음을 직감한다. 회사에 사표를 내고 어느 건물에 사무실을 꾸밀 틈도 없이 횅한 공간에 투자자들을 불러 모은다. 왜 나라가 부도날 것 같은지 자세히 설명하면서 이 위기에 투자하라고 하지만 황당하게 여기는 사람들은 말 없이 하나둘씩 자리를 떠나고 아무도 남지 않았을 때 고개를 떨구고 앉아있는 그에게 두 명이 돌아온다.

상황을 국민에게 알려 건강한 중소기업의 도산이라도 막자는 한시현과 언론 보도를 막고 알리지 못하게 하면서 IMF 구제금융 손을 잡은 재정국 차관의 상반된 모습, 그리고 줄줄이 부도를 맞은 대기업과 중소기업들, 연이어 위기를 맞은 대표가 자살 충동을 느끼거나 실제 자살하는 모습들과 그 위기에 투자해 큰돈을 벌게 된 윤정학과 두 사람의 모습이 상세히 묘사된다. 그런 결정이 어떤 결과를 몰고 왔는지, 현재 한국 사회의 모습까지 꿰어서 알 수 있게 해준다.

IMF 총재가 한국에 도착해 협상하던 날까지도 한시현은 거짓을 보도하는 언론을 보며 의견 대립을 한다. 한국경제의 심각성을 언급하며 대선 후보들의 각서까지 요구하며 한국경제를 좌지우지하는 것을 보고 협상을 중단시키려 하지만 협상팀은 결국 모두 받아들이고 국가부도 사태가 오고 만다. 한시현은 협상 기록을 남긴 후 사직서를 내고 떠난다. 갑수는 사실 한시현의 오빠이다. 자살 문턱까지 갔던 갑수는 마지막으로 동생 시현에게 도움을 청하러 오고 그런 오빠의 모습을 본 시현은 차에 앉아 오열한다.

이후 20년의 세월이 흘러 금융자본 감시센터를 운영하는 한시현에게 그녀의 보고서를 봤다며 사람들이 찾아온다. 위기는 반복된다며 한시현은 의미심장한 말을 남기고 영화는 한국의 현실을 느끼게 하면서 막을 내린다.

## [영화 속 강점 묘사]

참담한 실제 역사에 대해 속 시원한 대사를 하는 한시현은 영화 속 가상의 인물로 업무 경력을 바탕으로 한 예견력을 보여준다. 지금은 돌이킬 수 없는 지난 역사이지만 이런 일이 되풀이되지 않기 위해 이러한 강점을 키워야 할 것이다. 예견력은 처한 상황에서 더 넓고 크게 보는 연습을 통해 키울 수 있다. 다양한 관점으로 성찰하는 연습도 필요하다. 그러면 통찰력과 남다른 관점으로 중요한 문제를 볼 수 있게 되고 현명한 결정을 내릴 수도 있게 된다. 이러한 강점을 가진 사람이 주위에 또는 조직에 있다면 힘든 상황에 부닥쳤을 때 예견력에서 나오는 관점으로 다른 사람들이 보지 못하는 것을 볼 수 있고 뜻하지 않은 해결책을 생각해낼 수도 있을 것이다.

 위험한 경제에 대한 경보를 울려야 한다는 한시현

한시현은 재난 대책의 시작이 경보를 울리는 것이라고 생각한다. 위기를 알려서 혼란이 올 것을 막으려는 사람들은 부도가 나는 그날까지도 거짓으로 사람들을 속이고 그로 인해 큰 피해가 나도록 했다. 국민의 알 권리와 한시현의 옳은 주장을 묵살했던 그들로 인해 재난은 더 빠르고 크게 한국을 덮쳤다. 시간을 끌다가 피해가 커질 것을 예상한 한시현은 물러서지 않고 그들과 맞섰다. 현명하게 대처하는 사람들은 이러한 예견력이 있는 사람이다.

 협상의 조건들이 가져올 미래를 예견하는 한시현

한시현은 거침없이 행동에 착수한다. 어떻게든 피해를 최소화하려는 한시현은 자신이 할 수 있는 한도 내에서 최선을 다한다. 고위직에서 권력을 사용해 누르고 반대하는 사람들도 두려워하지 않는 한시현은 상황 파악이 정확하고 미래를 내다보았다. 그걸 알고 있었기에 한시현은 두려움 없이 맞설 수 있었다. 그러나 협상을 엎으라고 간곡히 청해도 상황은 바뀌지 않았다. 예견력을 갖지 못한 사람들은 눈앞에 불을 끄는 데만 급급했지만, 한시현은 끝까지 마지막 카드가 남아있음을 알고 있었다.

## [긍정심리 영화치료]

우리 인생에는 예견력이 필요한 순간들이 있다. 어려움이 오거나 복

잠한 상황에 맞닥뜨리게 될 때가 있기 때문이다. 그런 순간에 예견력이라는 강점은 빛을 발한다. 이 또한 지혜와 지식에 속하는 인지적 강점이며, 세상을 구원하고 유익하게 할 수 있는 강점이다. 이는 초월적인 힘이 아니라 근거에 기반한 것이다. 예견력이 있는 사람은 자료와 상황을 읽을 줄 알고 그에 필요한 지식을 겸비하고 있는 경우가 많다. 한시현은 국가부도 상황이 다가오고 있는 것을 예견하고 남은 시간까지 계산할 줄 알았고, 가능성과 대책까지 생각할 수 있었다. 구제금융 프로세스에 어떤 문제가 있는지도 볼 줄 알았고, 그들이 요구하는 조건들이 어떤 결과를 몰고 올지도 예견했다.

영화 속 한 마디

"지금이라도 이 사태를 국민에게 알려야 합니다."

"제 계산이 맞다면 대한민국 국가부도까지 남은 시간은 일주일입니다."

"정신 차리자. 지금부터 우리가 시스템이야."

"협상 시작도 전에 각서를 요구하는 경우는 없습니다."

"의심하고 또 의심할 것. 끊임없이 사고할 것. 항상 깨어있는 눈으로 세상을 바라볼 것."

영화가 주는 질문과 해결책에 대한 지침

√「지금 자신의 선택이 나중에 어떤 결과를 가져올까?

√「어떤 어려움을 겪었다면 그 전에 어떤 징후가 있었나?

√「나에게 현명한 조언을 해준 사람이 있었나?

√「지금 현재 나의 선택이 이어지는 것이 미래이다. 나의 미래는 어떤

  모습일까?

# 두 번째 덕목: 용기 courage

용기의 덕목에는 용감성, 끈기, 정직, 그리고 열정과 같은 감정적 강점들emotional strengths이 포함되어 있다. 긍정적인 심리학에서 용기는 "외적 또는 내적, 반대에 직면하여 목표를 성취하기 위한 의지의 행사"로 정의된다(Peterson & Seligman, 2004, p. 199).

감정적 강점들은 대중적인 매력이 있어서, 수많은 영화가 전쟁터나 법정 또는 자연재해 같은 위험한 상황에서 용기 있는 행동을 보여주는 주인공들을 묘사한다. 그들은 시청자들이 더 용기 있는 삶을 살도록 영감을 주기 때문이다(Niemiec & Wedding, 2013).

## 용감성

용감성은 위험, 위급, 어려움 또는 잠재적인 상처에도 불구하고, 신념에 영향을 주는 사람들에 의해 생긴다. 자발적인 행동은 공익을 위한 것이고, 주로 건강한 사회에서 내려온 가치와 믿음으로 구성된다(Peterson & Seligman, 2004). 다음 영화의 주인공은 용감성을 성장시키고 이런 감정의 강점을 보여준다.

## 행복 목욕탕

湯を沸かすほどの熱い愛 Her Love Boils Bathwater 2016

| 영화 개요 | 출연진 |
|---|---|
| 감독: 나카노 료타 中野量太<br>장르: 드라마<br>국가: 일본<br>등급 12세 이상 관람가<br>러닝타임: 125분 | 미야자와 리에(宮澤りえ): 후타바 역<br>스기사키 하나(杉咲花): 아즈미 역<br>오다기리 죠(小田切讓): 가즈히로 역<br>이토 아오이(伊東蒼): 아유코 역<br>마츠자카 토리(松坂桃李): 타쿠미 역 |

## [영화 이야기]

후타바는 1년 전에 남편 카즈히로가 가출해 운영하던 행복 목욕탕의 문을 닫아 놓은 채 고등학생 딸 아즈미와 둘이 살면서 제과점에서 일한다. 착하고 조용한 성격의 아즈미는 반 아이 3명에게 괴롭힘을 당하고 있는데, 엄마는 아즈미가 스스로 용기를 내어 맞서길 바란다.

어느 날 후타바는 일하다가 갑자기 정신을 잃고 쓰러진다. 병원에서 검사 결과 4기 췌장암으로 이미 치료할 수 없는 상태라는 진단을 받는다. 후타바는 탐정 타키모토에게 의뢰해 남편을 찾는데 의외로 가까운 옆 동네에 살고 있음을 알게 되고 찾아가서 남편과 어린 딸을 데려온다. 10년 전 자주 가던 술집에서 일하는 여성과 우연히 1년 전에 재회해 자기 딸 아유코가 있음을 알았고 처지가 딱해 함께 살았는데 여자는 한 달 만에 가출하고 혼자 아유코를 돌보다 온 것이다. 후타바는 가족이 목욕탕을 다시 열어 다같이 일한다고 선포하고, 모두 청소부터 시작한다. 전단지도 돌리고 다시 문을 연 목욕탕은 카즈히로가 고등학교 2학년 때 부모가 병으로 돌아가신 후 다니던 학교를 중퇴하고 물려받은 것이다. 그렇게 함께 살기 시작한 지 2주 후, 후타바는 왼손에 경련을 느끼고 카즈히로가 병원에 데려간다.

교복을 잃어버리고 학교에 가지 않으려 하는 아즈미에게 엄마 후타바는 체육복이라도 입고 학교에 가라며 도망가지 말고 맞서라고 격려한다. 학교에서 아즈미는 용기를 내어 자리에서 일어나, 체육복을 모두 벗고 속옷만 입은 채 교복을 돌려달라고 호소한 뒤 아침에 마신 우유를 토하고, 그 후 보건실에 가 누워있는데 누군가 보건실에 아즈미의 교복을 몰래 갖다 놓고 사라진다. 교복을 입고 귀가한 아즈미는 후타바에게 엄마의 격려로 용기를 낼 수 있었다고 하며 눈물을 흘린다.

후타바는 카즈히로에게 목욕탕을 맡기고 아유코와 아즈미를 데리고 시즈오카현의 작은 항구도시로 거미게를 먹으러 1박 2일 여행을 떠난다. 도중에 어느 휴게소에서 히치하이커 청년 타쿠미를 태우고 모두 재미 있게 여행을 한다. 운전이 힘들었는지 많이 먹지도 못하고 힘든 기색이 역력하지만 억지로 버티면서 드디어 목적지에 도착해 어느 식당에 들어가서 게를 주문한다. 식사 후 계산하던 후타바는 수화를 사용하는 친절한 종업원의 뺨을 때리더니 식당에서 나와 아즈미에게 그녀가 아즈미의 생모라는 사실을 알려준다. 19살에 아즈미를 출산했으나 청력 장애로 인해 아기 울음소리를 못 듣는 자신을 못 견디고 15년 전에 집을 떠났고 자신이 떠난 날인 4월 25일에 매년 키다리게를 보냈던 키미에에게 인사하라며 아즈미를 남기고 후타바가 잠시 떠난다. 달려 나온 키미에가 아즈미인 것을 확인하고 두 사람은 눈물을 흘린다.

이윽고 할 일을 모두 마치고 지친 후타바는 운전석에서 의식을 잃어 병원으로 옮겨진다. 이후 집 근처 호스피스 병동에 입원해 부쩍 기력을 잃어가던 어느 날, 타키모토 탐정이 와서 후타바가 어릴 적에 헤어진 어머니를 찾아달라는 부탁으로 수색해온 그녀의 어머니를 찾았다고 한다. 당장 만나러 간다며 나서는 그녀를 타키모토가 데려가는데 주소에 도착해 먼저 가서 사정을 전했으나 "그런 딸이 없다"라며 어머니는 후타바를 부정한다. 이를 전해 들은 후타바는 멀리서라도 보겠다고 대문으로 가까이 가 거실에서 딸 가족과 즐겁게 지내는 어머니를 본다. 갑자기 감정이 복받쳐 문기둥 위에 있던 강아지 인형을 손에 들고 마당으로 던져 거실 유리창을 깨뜨리고 도망치듯 떠나온다. 그리고 다음 날부터 후타바의 상태는 더 악화된다.

카즈히로는 매일 엄마에게 가는 아즈미를 통해 안부를 물으며 왠지한 번도 후타바의 병문안을 가지 않고 있다. 그러다 히치하이커인 타쿠미가 찾아와 후타바의 조언대로 일본 최북단에 도달하는 목표를 달성했다고 한다. 그리고 키미에도 찾아와 식사 준비를 하는 등 행복 목욕탕에 점점 사람들이 모인다. 보름달이 뜨는 어느 날 밤, 카즈히로는 모두에게 부탁해 후타바를 위한 작전을 준비한다. 후타바가 아즈미의 문자를 보고 창밖을 내다보니 모두 피라미드를 만들고 있다. 타쿠미, 카즈히로, 타키모토 탐정이 1단, 키미에, 아즈미가 2단, 아유코가 3단인 피라미드를 보여주며 내가 이렇게 버티고 있으니 전부 맡기고 안심하라고 카즈히로가 울면서 외친다. 후타바도 눈물을 흘리며 죽기 싫다고 중얼거린다.

행복목욕탕은 모두가 협력하여 잘 운영된다. 타쿠미도 일을 배우고 있고, 키미에도 3일씩 와서 아이들을 돌봐준다. 이윽고 점점 쇠약해진 후타바가 세상을 떠나고 그녀가 좋아했던 행복목욕탕에서 장례식을 치른다. 많은 조문객의 방문 이후 발인은 가족끼리 한다며 관을 싣고 장의차가 떠난다. 차는 강변에 도착하는데 사람들은 샌드위치 등을 먹으며 편안한 얼굴로 얘기를 나누다 목욕탕으로 돌아온다. 그리고 가족들은 목욕탕에서 목욕한다. 아유코와 아즈미는 행복한 얼굴로 "따뜻하네! 언니.", "응, 정말 따뜻해."라며 대화를 나누고 아빠와 키미에도 탕 속에서 행복한 표정을 짓고 있다. 그리고 목욕탕 아궁이에 후타바를 화장해 후타바가 영원히 행복목욕탕에 함께 할 것을 암시하는 듯 굴뚝에서는 후타바가 좋아했던 붉은 연기가 몽글몽글 솟아오른다.

## [영화 속 강점 묘사]

후타바는 누구보다 용감한 사람이다. 정작 본인은 엄마에게 버림받고 철없는 남편도 그녀를 책임져주지 않았지만, 모든 상처를 받아들이며 주변의 모든 사람을 자기 품으로 안고 사랑으로 가족을 이어준다. 그녀는 죽음조차 두려움이나 저항 없이 받아들인다. 후타바에게서 용감성이 돋보이는 이유는 무엇보다 현실을 마주하고 수용하며 무시무시한 죽음을 향해 웃음을 보이기 때문이다. 그리고 자기가 낳지는 않았지만, 가슴으로 품어 자기 딸로 키운 아즈미에게 도망가지 말고 맞서라고 가르친다. 아유코도 가족으로 따뜻하게 품어준다. 자기처럼 친엄마에게 버림받은 두 딸에게 좋은 엄마가 되어준 것처럼 용감한 사랑이 또 있을까? 또한, 소유하는 사랑이 아니라 모두 내어주는 사랑으로 자신이 떠난 뒤 모두 가족을 이루어 살 수 있도록 적극적으로 가족을 만들어 준다.

 죽음을 수용하는 후타바

보통 시한부 선고를 받으면 일반적으로 죽음에 대한 두려움과 자기 삶의 애도 과정을 보이는 경우가 대부분이다. 처음에는 받아들이지 못해 부정하고 분노하며 삶에 대한 애착으로 힘들어한다. 받아들이게 되면서 우울해하기도 한다. 그러나 후타바는 3개월이라는 시한부 선고를 받고도 주저앉지 않는다. 죽음도 그녀의 긍정성을 무너뜨리지 못할 것처럼 보인다. 곧바로 자기의 결심을 행동으로 옮긴다. 마음이 괜찮았다는 뜻은 아니지만, 그녀는 한 치의 망설임도 없이 남겨진 아까운 시간을 가족을 위해 쓴다. 그것이 곧 그녀를 위한 시간이었다. 무엇보다 가족을 사랑하는 후타바는 가족이 무너지지 않도록 여러 가지 대책을 세우고 실천한다. 손에 경련이 나고 피를 토하고 음식을 잘 먹지 못할 정도로 몸 상태가 나빠도 다가오는 죽음에 대한 공연한 원망이나 불평 한마디 없이 미소를 보인다. 그렇게 후타바는 가족에게 용감하고 따뜻한 엄마의 모습을 남기고 떠난다.

 상처투성이 삶을 가족에 대한 사랑으로 바꾼 후타바

자기 상처를 껴안는 것은 얼마나 큰 용기가 필요할까? 평범한 사람들은 그게 어려워 상처를 대물림하기도 한다. 부모로부터 받은 상처는 삶을 왜곡시켜 버릴 정도로 큰 영향을 준다. 그러나 후타바는 자신이 받은 상처를 껴안고 자기 삶 속에 들어온 모든 사람의 그러한 상처를 치유하고 왜곡된 부분을 고친다. 후타바는 온몸과 마음을 바쳐 그렇게 한 가족이 만들어진다.

엄마에게 버림받은 기억은 되풀이되며 떠오른다. 게다가 말없이 집을 나가버린 남편, 자기가 낳지 않은 아이 둘을 키우는 상황은 그녀에게 상처가 되지 않았을까? 자기 품에 들어온 두 딸은 모두 자기처럼 친엄마에게 버림을 받았다. 후타바는 두 아이에게 따뜻한 엄마가 되어주면서도 아즈미가 언젠가 친엄마를 만날 때 도움이 되도록 어려서부터 수화를 배우게 하고 매년 키다리게를 받으면 아즈미에게 감사 편지를 쓰게 하는 등 두 사람이 연결될 수 있도록 애썼다. 친엄마를 만나려고 몰래 돈을 훔쳐 가출한 아유코 역시 돌아오지 않는 엄마를 기다리다 오줌까지 싼 상황에서 따뜻하게 안아 데리고 돌아온다.

히치하이킹으로 만난 타쿠미 역시 친엄마가 없고 아버지의 재혼으로 집을 떠나 목적 없이 돌아다니는 중이었는데, 그런 타쿠미에게 목표를 갖게 하고 시간이 소중하다는 것을 알려준다. 탐정의 어린 딸도 엄마가 돌아가고 아빠를 따라다니는데 후타바는 만날 때마다 따뜻하게 대해준다. 후타바는 그렇게 모두에게 좋은 기억을 남기고 떠난다.


## [긍정심리 영화치료]


용감성은 올바른 가치를 포기하지 않고 죽음과 두려움, 상처와 상한 감정까지 직면하고 포용해내는 후타바의 삶에 그대로 드러나는 강점이다. 엄마의 무정함을 자신은 그대로 물려주지 않고 사랑으로 안아주는 엄마가 된 후타바는 친자식에게도 무정한 사람들과 달리 자신의 어려움에 맞서 당당하고도 거침없는 태도로 용감성을 보여준다. 그녀의 사랑은 아이들에게 고스란히 전달된다. 친엄마가 아니어도 아이들은 엄마의 사랑을 그녀를 통해 느낀다. 게다가 학대와 폭력, 그리고 죽음에 굴복하지 않는 용감성으로 상처 준 사람들을 용서하고 삶을 살아가는 의연한 태도를 전수해준다. 그녀의 용감성은 가족에게 힘을 주는 정서적 강점이다.

### 영화 속 한 마디

"도망치면 안 돼! 맞서야지. 네 힘으로 이겨내야 해."
"조금 더 살겠다고 삶의 의미를 잃고 싶지는 않아."
"이런 쪼잔한 남자한테 가족을 맡겨야 한다니…. 너무 걱정돼서 죽을 수가 없네."
"너의 목적 없는 남아도는 시간에 내가 휘둘렸다는 게 역겹다."
"죽으면 다 용서할 테니 뒷일을 부탁해."

### 영화가 주는 질문과 해결책에 대한 지침

√지금 내가 맞서야 하는 장애물은 무엇인가?

√ 맞서기 위해 내가 할 수 있는 일은 무엇인가?

√ 내 삶의 의미는 어떤 것인가?

√ 용감하게 나서서 해야 할 일이 있다면 무엇인가?

# 끈기

끈기는 장애물, 어려움, 낙담에도 불구하고, 목표를 향한 행동의 자발적인 인내로 정의된다(Peterson & Seligman, 2004). 장애물에도 불구하고 끊임없이 나아가고 지속해서 계획을 마무리 짓는다.

## 기적
Miracle 2020

| 영화 개요 | 출연진 |
|---|---|
| 감독: 이장훈<br>장르: 드라마<br>국가: 한국<br>등급: 12세 이상 관람가<br>러닝타임: 117분 | 박정민: 준경 역<br>이성민: 태윤 역<br>이수경: 보경 역<br>윤아:   라희 역 |

## [영화 이야기]

준경은 기찻길로만 이동할 수 있으나 기차역은 없는 작은 마을에 살면서 자기 마을에 기차역을 만들어달라는 편지를 청와대에 자주 보낸다. 아무 답도 없고 누가 봐도 가능성이 없어 보이지만 포기하지 않고 끊임없이 편지를 쓴다. 어릴 때 수학경시대회에서 상도 타고 과학을 좋아하며 누나를 잘 따르는 고등학생 준경에게 학교 물리 선생은 과학 논문을 읽어보라고 챙겨주며 마음을 써준다. 그리고 준경에게 관심을 두고 있는 라희가 외로운 준경의 옆을 맴돈다. 무뚝뚝하게 준경을 대하는 준경의 아버지는 기차를 운전하는 기관사이다. 준경이 관심을 보이지 않자 라희는 준경이 대통령에게 자주 편지를 쓰는 것을 알고 자기가 도와주겠다고 하면서 다가가 그렇게 둘은 가까워진다. 국회의원 딸인 라희는 서울로 전학을 갈 거라며 준경에게 같이 가자고 하는데, 준경은 시골 마을에 머물겠다고 고집을 피운다.

준경의 재능을 아끼는 물리 선생은 준경에게 유학 등 좋은 기회가 제공되는 프로그램들을 권하며 관심을 보이는데, 정작 준경은 마을 기찻길에 신호등을 만들고 계속 청와대에 편지를 보내는 일에만 몰두하고 있다. 그런데 어느 날 새똥이 떨어져 준경이 만든 신호등이 고장이나 임산부가 사망하는 사고가 일어나 준경은 죄책감에 힘들어한다. 실은 어린 시절 수학경시대회에서 우승을 한 날 마을 사람들과 함께 기찻길 철교를 건너오다 중간에 한쪽으로 기차를 피했는데 우승 트로피를 놓친 누나가 트로피를 잡으려다 물에 빠져 사망했고 준경은 오랫동안 그 마음의 상처를 안고 살아왔다. 그리고 준경은 누나를 마음에서 떠나보내지 못하고 고등학생이 되도록 여전히 살아있는 것처럼 다락의 공부방에서 함께 살고 있었다.

그러다 드디어 간이역 설치에 대한 대통령의 허락을 받는다. 하지만 명목상의 허가일 뿐 행정 지원이 없어 마을 사람들은 상심하고, 원칙주의자 기관사인 준경의 아버지는 지시가 떨어지지 않는 이상 간이역 설치는 어렵다고 단정한다. 이에 준경이 겁도 없이 혼자 힘으로 덤벼들어 공터에 땅 고르기부터 시작하며 간이역을 만들기 시작하자 마을 사람들이 합세해 '양원역'을 완공한다.

철도청 홍보과장이 준경을 찾아와 간이역 이야기가 잡지에 실린다. 그러나 잡지에 준경의 엄마와 누나가 죽은 것이 준경의 탓이라고 되어 있는 기사를 본 아버지는 분노하여 홍보과장에게 당장 잡지를 회수하라며 호통을 치는데, 홍보과장은 이는 준경이 직접 한 말이고 준경이 이에 대한 죄책감으로 간이역을 세우려 한 것이라는 이야기를 전한다. 아버지의 이러한 반응은 사실 보경이 죽을 때 열차를 자신이 몰고 있었기 때문이고, 아내의 죽음도 일찍 집에 오지 못한 자기 탓으로 생각했기 때문이다. 아버지 또한 이런 죄책감으로 준경의 얼굴을 똑바로 보지 못해 늘 무뚝뚝한 아버지로 살아왔던 것이다.

한편 물리 선생이 추천한 NASA 국비 유학 프로그램에 준경은 누나의 뜻이라 생각해 도전한다. 그런데 양원역 개통식을 앞두고 아버지가 모는 열차가 양원역에 정차하지 않고 지나간 일로 인해 마을 사람들과 준경은 몹시 실망하고 준경은 수험표를 버리며 포기한다. 물리 선생은 시험 전날 준경을 데려가려고 준경의 아버지를 찾아가는데 영문을 모르고 처음 듣는 소식에 어리둥절한 아버지를 선생이 설득한다. 하지만 이미 늦은 저녁이라 승부역에 내려서 양원역까지 걸어가 준경을 데려가기엔 서울까지 갈 시간이 안 될 것 같아 고민하던 아버지는 양원역에 열차를 10분 동안 정차시키고 집으로 뛰어간다. 양원역에 기차가 섰다는 말에 준경은 누나가 준 수험표를 들고 집을 나서고 아버지가 직접 운전해서 준경을 시험장에 데려다준다.

준경은 합격해서 결국 유학길에 오른다. 결과가 나올 때까지 아버지와 화해하는 시간도 있었고, 라희와 재회하고 마을 사람들의 환송을 받으며 드디어 누나도 떠나보낸다. 그렇게 준경은 마을과 자기 삶에서 기적을 일궈낸다.

## [영화 속 강점 묘사]

양원역의 기적은 준경이 끈기 있게 편지를 보낸 덕분에 가능했다. 어린아이였지만 자신이 할 수 있는 방법을 찾아 답장이 없어도 포기하지 않고 계속했던 것이다. 기적을 이뤄낸 준경의 끈기는 영화에 어떻게 묘사되었을까?

답이 없어도 계속 기차역 개설을 요청하는 편지를 보내는 준경

　준경은 답이 없어도 편지를 보내는 행동을 멈추지 않는다. 아무도 관심을 두지 않는 기차역 개설에 준경은 매달린다. 심지어 사정을 누구보다 잘 아는 아버지도 지지하지 않는데 답장도 받지 못할 게 뻔한 편지를 써서 계속 요청하는 끈기를 잘 보여준다.

 답이 없을 때 자신이 바라는 것을 포기하지 않고 또 다른 방법을 찾는 준경

　편지를 쓰는 행동만이 끈기가 아니다. 준경은 답이 없을 때도 무작정 기다리기만 하지 않고 신호등을 만들어 사람들이 안전하게 다닐 수 있도록 뭔가를 시도한다. 그리고 허가가 떨어진 뒤에도 실현되지 않자 자기 손으로 직접 지어버린다.
　양원역을 손수 만들어 기차가 서는 그날까지 마음의 흔들림이 조금도 없이 염원과 실제적인 노력을 지속하는 것이 준경의 빛나는 끈기였다.

## [긍정심리 영화치료]

기적은 꿈에서 시작되고, 꿈을 향해 도전하는 작은 행동 하나가 꾸준히 이어질 때 이루어진다. 끈기는 기적을 오게 하는 견인차이다. 어떤 일을 이루어 낼 때 끈기만큼 중요한 강점은 없다. 노력과 끈기는 집념을 이루어 목표에 도달하기까지 포기하지 않고 즐기면서 이룰 수 있게 한다. 열심히 노력하는 일을 지속할 수 있게 하는 힘이 바로 끈기이다. 이러한 강점이 있는 사람은 성실하고 열심히 일해서 긍정적이고 좋은 결과를 마련해낸다. 다른 누군가는 갑자기 기적이 일어난 듯 보는 일도 사실 당사자의 끈기와 노력이 작용해서 생긴 결과일 수 있다. 끈기 있게 노력하는 동안 잘 눈에 띄지 않는 일도 멋진 결과로 보여주게 되므로, 근면성과 성실성은 결국 그 열매로 보상을 받는다. 그러므로 끈기를 가지고 노력하고 인내해야 한다.

영화 속 한 마디

"내가 꼭 붙으라 했나? 도전하라 했지!"
"꿈꾸는 게 어때서."

영화가 주는 질문과 해결책에 대한 지침

√ 내가 꿈꾸는 것, 바라는 것 하나를 적어본다면 무엇일까?

√ 그 꿈을 위해 끈기를 가지고 도전한다면 무엇을 하고 싶은가?

√ 시작한 일을 끝냈을 때 어떤 기분인가?

√ 어려움이 있어도 끝까지 해냈던 경험이 있는가?

# 정직

정직은 진정성, 통합과 연관되어 있다. 이는 개인의 가치에 따라 삶을 살아가면서 위치와 행동에 대해 책임감을 가진 사람들에게서 볼 수 있는 감정적인 힘이다. 그들은 타인을 존중하고 신념을 지킨다 (Peterson & Seligman, 2004).

 증인
Innocent Witness 2019

| 영화 개요 | 출연진 |
|---|---|
| 감독: 이한<br>장르: 드라마<br>국가: 한국<br>등급: 12세 이상 관람가<br>러닝타임: 129분 | 정우성: 순호 역<br>김향기: 지우 역<br>이규형: 희중 역<br>염혜란: 미란 역<br>장영남: 현정 역 |

[영화 이야기]

양순호 변호사는 제법 인지도가 있는 민변 출신이다. 그가 대형 로펌 리앤유에 취직하고 1년쯤 되었을 때, 로펌 대표의 요청으로 80대 노인

김은택의 살해 혐의로 수용된 가정부 오미란의 국선 변호를 함께 하게 된다. 유일한 증인은 건너편 집에 사는 만 열다섯 살 된 자폐아 지우인데, 지우의 어머니는 이미 검찰에 증언했다며 순호의 대화 요청을 거부한다.

순호는 학교 앞에서 기다렸다가 방과 후 하교하는 지우에게 다가간다. 지우는 첫눈에 순호의 넥타이를 보고 물방울 개수가 267개라고 말하고 가버린다. 같이 하교하던 친구 신혜의 조언으로 순호는 퀴즈로 지우의 관심을 끌고 컵라면을 사주며, 지우가 파란색 젤리를 좋아하고 청력이 예민하다는 사실도 알게 된다. 순호는 지우와 매일 오후 5시에 전화로 퀴즈를 맞히기로 약속한다.

1차 재판에서 순호는 사고 며칠 전 편의점에서 부탄가스를 구입하는 CCTV 녹화 장면을 증거로 제시하여 김은택의 자살 시도를 입증한다. 그리고 순호는 죽은 김은택의 아들 김만호 회계법인에 고문변호사 자리를 제안받는다. 그런데 2심에 증인으로 출석한 지우를 정신병을 앓는 사람이라고 말해 지우와 그 어머니에게 상처를 주고 사과를 하러 가지만 거절당한다. 사람의 표정을 잘 읽지 못하는 지우의 인식능력에 의문을 제기하는 변호로 결국 지우의 증언은 인정되지 못하고 오미란에게 무죄가 선고되며 재판이 종료되는 순간, 순호는 미란과 김만호의 의문스러운 시선과 표정을 목격한다. 그리고 구치소에서 나오는 오미란에게 검찰이 항소했다고 하자 "오메, 징하게 추접스럽네 이~"라고 지우가 했던 말이 그녀의 입에서 나오고, 또 가족이 없다던 미란이 아들을 보러 간다는 둥 연이어 석연치 않은 점들이 순호에게 포착된다. 자신이 놓친 부분은 없었는지 다시 조사하면서 순호는 모든 정황을 다시금 파악한다.

며칠 뒤 미란이 나타나 지우에게 협박해서 지우는 충격으로 또 쓰러지고, 분노한 지우의 어머니는 검사의 증인 요청을 거절한다. 하지만 지우는 자신이 변호사는 될 수 없겠지만 증인이 되고 싶다고 하며 스스로 나서는데, 로펌에서 손을 써 재판을 앞두고 검사가 바뀐다. 지우를 가장 잘 이해하는 이희중 검사가 없는 상황에서 2심 재판이 시작되고, 순호는 판사에게 요청해 3분을 기다려 지우와 퀴즈를 풀던 5시 시간을 맞춰서 지우에게 질문한다. 순호는 지우의 두 가지 특성, 즉 매우 작은 소리도 들을 수 있는 예민한 청력과 뛰어난 기억력을 사람들에게 입증한다. 그러고서 지우에게 사건이 있던 날 오미란이 했던 말이 몇 글자냐고 물어보자 지우는 108글자라고 답한다. 순호는 변호인의 의무를 위반하면서 지우에게 그날 오미란이 한 얘기를 말하게 해 지우의 증언이 정확함을 입증하고 오미란의 살해를 밝혀낸다. 순호는 오미란에게 자백하면 형량이 줄어든다며 누가 살해를 지시했냐고 물으면서 진실을 말하게 하자, 오미란은 김만호가 했다고 자백하고, 김만호는 그 자리에서 바로 검거된다.

모든 일이 끝나고 순호는 지우의 생일파티에 초대받아 선물을 들고 다시 찾아간다. 선물을 주고 나오는데 지우가 5시라며 전화를 건다. 지우가 "양순호 아저씨는 좋은 사람입니다"라고 하자, 순호는 "아저씨가 좋은 사람 되도록 노력해볼게"라고 답하며 눈에 눈물이 고인다.

## [영화 속 강점 묘사]

정직은 수많은 유혹 속에서 선택해야 하는 가치이다. 주인공 순호가 정직할 수 있었던 것은 영화에서 좋은 사람이라는 가치와 연결되어 있다. 그리고 정직을 선택하는 것은 용기가 필요했다. 로펌은 주로 기득권층 변론을 많이 한 탓에 대표는 회사 이미지 개선을 위해 순호를 에이스로 키우고 싶어 한다. 아버지의 보증으로 빚을 갚느라 결혼도 마다하고 일에만 몰두해 온 순호는 적당히 때를 묻히고 성공할 수 있었지만, 자기의 이익을 위해 타협하기보다는 변호사 일을 그만두게 되더라도 정직하게 진실을 밝히는 길을 택한다. 지우와 소통하게 되면서 순호는 용기를 내어 어릴 적 꿈대로 좋은 사람이 되는 길을 선택할 수 있었다. 두 사람의 용기로 지켜진 가치인 '정직'을 살펴본다.

 진실을 밝히고 싶어 하는 지우

지우는 자폐아의 특징을 이해하지 못하는 사람들의 편견과 부당한 대우에도 용기를 내어 증인이 되고자 한다. 오미란의 협박과 순호가 말로 준 상처에도 불구하고 진실을 밝히고 싶어 용기를 내는 지우에게서 정직이라는 강점을 볼 수 있다.

 진실을 말하는 사람을 돕는 좋은 사람이 되고자 선택하는 순호

순호는 리앤유에 들어간 뒤 자신의 변호로 적은 형량을 받거나 무죄 판결을 받는 나쁜 사람들을 보며 점점 웃음을 잃어간다. 그러나 현실은 아버지가 보증으로 진 빚 때문에 돈을 많이 벌어야 하고, 사람들을 돕는 좋은 사람이 되고 싶어 법조인을 꿈꾸었던 어린 시절의 꿈은 점점 잊혀 간다. 그러나 아버지가 상기시켜준 어린 순호의 꿈과 지우의 용기를 보면서 순호는 정직한 길을 선택한다. 진실을 밝히기 위해 순호는 변호를 맡은 사람의 비밀을 지켜야 하는 변호인의 의무만이 아니라 로펌의 지원과 파트너 변호사가 되는 기회까지 다 포기한 것이다. 정직은 이렇게 대가를 치르기도 하지만 순호는 전보다 훨씬 편안한 얼굴로 더 용기 있는 사람이 되었다.

## [긍정심리 영화치료]

우리는 정직한 사람을 신뢰한다. 자신을 거짓 없이 드러낼 수 있는 사람은 누구보다 강하다. 그리고 정직은 내면에 평화를 가져다준다. 양심에 거리끼지 않는 행동은 자신에 대한 진정한 책임이고 사랑이다. 정직한 사람은 가식이 없고 말과 행동이 일치하기 때문에 진실한 사람으로 인정받는다. 간혹 정직한 사람이 손해를 보기도 하지만 반대로 세상은 눈에 보이는 보상을 주기도 한다. 그만큼 정직은 함께 어울려서 살아가는 세상을 아름답고 믿을 수 있게 만들어 주는 중요한 강점이다.

양순호 변호사는 정직하게 자신의 실수를 인정했다. 변호사로서 의무를 위반하면서까지 진실을 밝혔다. 좋은 사람이 되고자 법조인이 되고 싶었던 자신의 모습을 되찾은 것이다. 이 영화에서 정직은 이처럼 좋은 사람이라는 표상으로 나타난다. 좋은 사람이 많은 세상이 된다면 이 세상은 더욱 아름답지 않을까?


영화 속 한 마디


"나는 증인이 되고 싶어, 증인이 되어서 사람들에게 진실이 뭔지 알려주고 싶어."

"그동안 재판에 혼선이 있었던 건 우리가 지우양의 특성에 대해 몰랐기 때문입니다. 아니 알려고 하지 않았기 때문입니다."

"변호사도 사람입니다. 사람이어야죠."

"편견이라는 것이 있습니다. 부끄럽게 제가 그랬습니다. 증인은 저와 다른 사람이라고 생각했고, 믿지 못했고, 제가 보고 싶은 거만 보려고 했습니다. 왜냐하면, 저는 제 자신만을 생각했으니깐요. 그런데 증인은 그러지 않았습니다. 자기를 바라보는 편견의 시선이 얼마나 힘들었을까요? 그런데도 이 아이는 이 법정에 다시 섰습니다. 진실을 밝히기 위해서요."

"증인은 계속해서 진실만을 말했습니다. 다만 우리가, 제가 지우와 소통하는 방법을 몰랐던 겁니다."

### 영화가 주는 질문과 해결책에 대한 지침

√ 자기 삶에서 정직해서 뿌듯했던 순간이 있었나?

√ 그것은 삶에 어떤 영향을 주었나?

√ 자신이 신뢰하는 사람을 떠올리면 정직이라는 강점과 연결되나?

√ 양심의 가책이란 어떤 것일까?

# 열정

열정, 활기, 힘, 기운을 가지고 삶을 받아들이는 사람들은 생명력을 가지고 있다. 그들은 매 순간을 온전히 살아가며, 많은 사람의 인생을 특징 짓는 부진함을 피한다(Peterson & Seligman, 2004).

## 아이캔스피크
I can Speak 2017

| 영화 개요 | 출연진 |
|---|---|
| 감독: 김현석<br>장르: 드라마<br>국가: 한국<br>등급: 12세 이상 관람가<br>러닝타임: 119분 | 나문희: 나옥분 역<br>이제훈: 박민재 역<br>박철민: 양팀장 역<br>염혜란: 진주댁 역 |

## [영화 이야기]

명진구청에 발령받아 온 9급 공무원 박민재는 민원 폭탄의 주인공인 나옥분 할머니를 만나게 되는데, 모두 피하기 바쁜 할머니의 민원을 원칙대로 처리하면서 할머니와 신경전을 벌인다.

나옥분 할머니의 수선집이 있는 재래시장 재개발을 추진하는 명진구청은 옥분의 잦은 민원을 무시하면서 처리를 고민하고 있는데, 민재가 내놓은 묘안을 구청장이 마음에 들어 한다. 민재는 영어 점수의 기한이 지나 승진을 위해 다시 시험을 보려고 영어 학원에 간다. 영어를 배우려고 간 영어 학원에서 속도가 느려 거부당하고 나오는 옥분 할머니 앞에 원어민 강사와 영어로 대화를 나누는 민재가 눈에 띈다. 민재에게 영어를 가르쳐달라고 요청하는 옥분 할머니를 거절하려고 민재는 가장 어려운 단어들을 외워 오라고 하고 80점이 넘으면 가르쳐주겠다고 한다. 아깝게 75점을 맞아 할머니는 거절당한다.

어느 날 민재는 어둑해진 저녁 시간에 낯선 골목길로 들어가는 동생 영재를 발견하고 뒤를 밟아본다. 옥분 할머니의 집으로 들어가 할머니와 같이 밥을 먹고 있는 영재를 보고, 민재는 고마운 마음에 옥분에게 주 3회 영어를 가르치기로 한다. 옥분은 기뻐하며 당장 책을 가져온다. 부모님이 안 계시고 동생 뒷바라지를 하고 있는 민재는 옥분이 미국으로 입양 간 남동생과 통화하고 싶어 영어를 배운다는 사실을 알게 된다. 할머니를 위해 미국으로 전화를 건 민재는 동생이 할머니를 거부하는 사실을 알게 돼 앞으로 영어 공부를 그만하자고 제안한다.

한편, 재개발과 관련해서 민재와 할머니는 오해가 생겨 부딪히는데, 홧김에 민재가 할머니의 동생 이야기를 하면서 사이가 틀어지고 우연히 이 장면을 본 영재는 형에게 반항한다. 그 후 민재는 우연히 시장에 갔다가 용역들의 만행에서 시장 사람들을 구해 주고 할머니의 수선집에 붙은 임시 휴업 안내문을 보게 된다.

옥분 할머니는 치매에 걸린 친구 정심의 병문안을 간다. 일제강점기 때 위안부였던 정심 할머니는 그동안 그 사실을 증언하기 위해 영어를 배우고 있었는데, 이를 안타까워한 옥분 할머니에게 기자가 찾아와 미국 하원 의원이 일본의 반인륜적 행위에 대한 사과를 요구하는 결의안(HR121)을 제출한 이야기를 하며 증언을 요청한다. 줄곧 자신이 위안부 피해자였다는 사실을 숨겨왔던 옥분 할머니는 친구 대신 나설 것을 다짐한다. 곧이어 대대적인 뉴스 보도로 시장 사람들과 구청 사람들은 그 사실을 알게 되어 충격에 빠진다.

민재는 할머니를 찾아가 사죄하고 위안부 시절 이야기와 함께 사진을 보게 된다. 정심 할머니가 치매증세를 보인 후 언젠가 자신이 친구 대신 할 일이 생길 거라고 예감했다며 그래서 여태껏 영어 공부를 해왔고 마지막으로 한 번만 더 도와달라고 부탁한다. 한편 뉴스 보도 이후 자신을 피하는 진주댁에게 할머니는 서운한 마음을 터뜨리는데 진주댁도 그동안 아무 말도 해주지 않은 할머니가 괘씸했다며 자신이 그리 못 미더웠냐고 하며 속상해한다. 그 긴 세월을 혼자서 얼마나 힘들었냐고 울며 안아주는 진주댁에게 할머니는 위로받는다. 그리고 자주 다뤘던 족발집 혜정은 사과 편지와 함께 달러를 주고 시장 사람들도 선물을 보내준다.

워싱턴 D.C.로 간 할머니는 위안부 피해자 등록을 하지 않았다는 이유로 자격에 논란이 생기자, 한국에서 민재가 구청에서 사람들의 서명과 정치권의 서명을 받고 위안부 피해자 등록을 해놓는다. 긴장을 억누르고 증언대에 서지만 쉽게 말문이 열리지 않는 옥분 할머니를 향해 뒤이어 도착한 민재가 'How are you?'라고 말을 걸어 도와준다. 의회에서는 위안부였다는 증거자료를 요구하면서 공격하는데, 민재가 할머니의 증거 사진을 들고 와서 결정적인 도움을 준다. 민재의 목소리를 듣고 할머니는 정신을 차린다. 위안부 시절 얻은 몸의 흉터들을 보여주면서 자신이 바로 증거라고 하며 지옥같이 힘들었던 마음을 토로한다. 그리고 친구 정심이 준비했던 연설을 영어로 한다.

옥분의 연설은 사람들에게 감동을 주고 기립 박수를 받는다. 그리고 일본 측 의원에게 속 시원히 일갈한 뒤 대기실에 찾아온 동생 정남과 재회한다. 이후 미국 샌프란시스코 시의회에 발언을 하기 위해 다시 출국하는 길, 공항에서 영어로 대답하는 할머니의 자신 있는 모습을 끝으로 영화는 막을 내린다.

## [영화 속 강점 묘사]

할머니의 목표는 도중에 바뀌지만 따라가기도 힘든 영어 공부를 포기하지 않는 열정은 친구의 사명과 열정을 대신하게 되는데 중요한 요소로 작용한다. 역사적인 증언이 가능했던 것은 할머니의 열정이 있었기 때문이다. 그런 열정이 없었다면 어떤 목표나 숭고한 가치도 끝을 보지 못하고 그 빛을 잃었을 것이다. 할머니의 열정이 드러난 장면들을 다시 한번 들여다보겠다.

 지역을 위하는 마음에 끝없이 제기하는 민원

늘 앞에 나서고 거침없이 잘못을 지적하며 고쳐야 할 부분은 그냥 넘어가지 않는 옥분 할머니는 적극적으로 민원을 넣어 제대로 해결하고자 하는 욕구가 매우 강하다. 시장이나 구청에서는 이런 할머니를 불편해하지만, 할머니의 의도는 지역 주민 특히 시장 사람들 모두가 잘되길 바라는 마음뿐이다. 자신이 당했던 불의를 잊지 않고 자신이 있는 곳에서 옳은 삶과 환경을 추구하는 마음이다. 민원을 넣고 당당히 자료까지 모아서 갖다 준다.

 영어 공부에 대한 열정

시간과 돈을 투자해 젊은 사람들이 다니는 학원에 다니며 공부를 손에서 놓지 않는 할머니는 수줍어하거나 미안해하는 기색도 없이 질문하면서 수업에 방해가 되기 일쑤이다. 그러나 꾸준히 영어 공부를 하는 할머니는 그 열정이 식지 않았다. 뚜렷한 목표가 있었고 친구를 위해 대신하고자 하는 사명감이 있었기에 가능했다. 이런 목표와 사명감이 열정의 원천이 된다. 목표가 없다면 열정은 방향 없이 달리다 길을 잃게 된다. 할머니는 영어 공부를 해서 친구의 글을 읽고 목표를 이룬다.

## [긍정심리 영화치료]

영화는 아픈 역사 속에서도 열정적으로 산 옥분 할머니를 통해 자신의 열정을 돌아보게 해준다. 끔찍한 상처투성이의 삶이지만 친구의 소원을 대신해줄 수 있는 열정이 삶에 에너지와 열의를 가져다준다. 삶에 대한 사랑과 뜨거운 열의는 그러한 열정에서 나온다. 열정이라는 강점이 있으면 삶의 활력이 넘치고 불가능해 보이는 일도 가능성의 범주로 끌어올 수 있다.

영화 속 한 마디

"죽을 때까지 꽁꽁 숨기고 살라고 했는디…"
"사진은 버리지 않았어. 잊으면 내가 지는 거니께."
"나는 죽지 못해 살았소. 고향을 그리워하며… 우리가 겪었던 일들을 기억해 주세요. 그리고 꼭 기억해 주세요. 다시는 반복되선 안 될 슬픈 역사를…"

"I can speak!"

## 영화가 주는 질문과 해결책에 대한 지침

√ 무언가에 열정을 갖고 빠져 보았던 적이 있었나?

√ 혹시 지금 열정을 잃었나?

√ 자신이 가장 뜨거웠던 시절은 언제인가?

√ 지금 무엇에 대하여 열정이 있나?

√ 자신의 열정은 목표가 있나? 있다면 무엇인가?

# 세 번째 덕목: 인간애 humanity

인간애 덕목은 대인관계의 강점인 사랑, 친절, 사회성 지능을 동반한다. 이것은 관계 형성, 특히 타인을 돌보며 친구가 되어주는 것을 포함한다(Peterson & Seligman, 2004).

인간애의 강점들을 다루는 영화들은 보는 이로 하여금 인간관계의 긍정적인 면과 인간 본성의 더 깊은 이해를 불러오며, 인간의 선함에 대해 고무시킨다. 이러한 영화들은 인생을 더 풍요롭게 하는 좋은 선택을 하도록 하면서 관객의 기분을 좋게 하는 것이 확실하다 (Niemiec & Wedding, 2013). 이러한 영화들은 인간 상태에 대해 심도 있게 말한다. 또한, 많은 사람이 인간의 상황을 깊이 있게 그린 영화들에 많은 관심이 있다.

## 사랑

사랑하고 사랑받을 수 있는 능력은 진화적 뿌리를 가진 선천적인 과정으로 여겨진다(Peterson & Seligman, 2004). 사랑의 유형은 애착 사랑, 이타적 사랑, 동반자적 사랑, 가족적 사랑, 무조건적agapeistic 사랑, 그리고 낭만적인 사랑이 있다(Berscheid, 2006). 에릭 프롬 Erich Fromm(2000)은 「사랑의 기술The Art of Loving」에서 사랑에 필요한 기본요건은 보살핌, 책임, 존중, 그리고 지식인 4가지를 고려하며, 사랑의 실천 상황에는 훈육, 집중력, 인내가 필요하다고 주장하고 있다.

## 장수상회
Salut D'Amour 2015

| 영화 개요 | 출연진 |
|---|---|
| 감독: 강제규<br>장르: 드라마<br>국가: 한국<br>등급: 12세 이상 관람가<br>러닝타임: 112분 | 박근형: 김성칠 역<br>윤여정: 임금님 역<br>조진웅: 김장수 역<br>한지민: 김민정 역 |

## [영화 이야기]

퉁명스럽고 자주 버럭 대는 '김성칠' 할아버지의 앞집에 이혼한 딸과 사는 '임금님' 할머니가 이사를 온다. 동네 작은 슈퍼마켓인 장수마트에서 일하는 성칠 할아버지는 재개발을 추진 중인 동네에서 유일하게 재개발을 반대하고 있다. 성칠 할아버지는 가끔 집에 와서 밥을 해놓고 사라지는 사람이 금님 할머니인 것을 알게 되어 경찰서에 데려갔다가 사과를 해야 하는 상황이 된다. 어떻게든 할아버지가 마음을 바꿔 재개발이 성사되기를 온 동네 사람들이 바라고 있던 차에, 성칠 할아버지는 금님 할머니에게 사과를 위한 저녁 식사 초대를 하는데, 첫 데이트로 긴장한 성칠 할아버지를 장수마트 사장 '김장수'가 도와주며 두 사람의 만남은 온 동네 사람들 공동의 관심사가 된다. 다정한 금님 할머니가 전화해도 되냐고 묻자 스마트폰을 사고 넌지시 번호를 알려준다. 두 사람은 함께 댄스 교실도 가고, 영화도 보고, 놀이공원도 가며 점점 가까워진다. 때론 오해로 투덕거리기도 하고 선물도 하고 생일에 요리를 해주기도 하면서…. 금님 할머니의 딸 민정이 만나지 말라고 했지만 성칠 할아버지는 꽃 축제에 함께 가겠다고 약속을 하게 된다.

더는 기다릴 수 없었던 마트 사장 장수는 축제 당일 성칠 할아버지의 집을 뒤져 인감도장을 찾아내고, 마침 이를 본 성칠 할아버지가 장수를 제지하려 하지만 장수는 주민들 다 죽겠다며 도장을 들고 뛰쳐나간다. 성칠 할아버지는 금님 할머니를 찾다가 문득 약속이 생각나 급히 꽃 축제 현장으로 버스를 타고 가는데, 정류장에서 내려 축제 장소를 걷다가 장수를 만난다. 인감도장을 돌려주며 장수가 데려간 병원 중환자실 앞에서 비로소 장수와 민정이 자신의 자녀이며, 금님 할머니가 자신의 아내이고 췌장암 말기 환자라는 사실을 알게 된다. 자신이 치매로 가족에 대한 기억까지 모두 잃은 상태임을 알게 되고 병실에 누워있는 아내를 보자마자 쓰러진다.

깨어난 성칠 할아버지에게 장수의 딸 아영이 가족 앨범과 할아버지의 일기를 보여준다. 그 일기에는 자신이 치매 환자라는 사실, 평생을 산동네에서 길을 잃은 날, 자식들을 잊기 시작한 과정과 아내까지 잊을까 봐 걱정하던 두려운 마음까지 적혀 있었다. 그렇게 치매가 점점 심해지자 "나는 짐이다."라고 일기를 쓰고는 화장실에서 문을 걸어 잠그고 자살을 시도했고, 병원에서 깨어난 후에는 자식들에게 짐이 되고 싶지 않아 스스로 가족이 없다고 생각하는 일종의 망상이 자기방어 기제로 나타난다. 요양원에 보내지 않고 집에서 돌보기를 원했던 가족에게 본인이 치매라는 사실을 모르게 하라는 의사의 조언에 따라 집안의 물건을 어느 한 방에 정리해 넣고 문을 잠가둔다. 그리고 각자 역할을 맡아 아내인 금님은 밥을 하고, 장수는 마트 시간을 돌보고, 손녀 아영은 성칠 할아버지의 이동 경로에 함께 하며 티나지 않게 돌보고 있었던 것이다. 축구를 좋아했던 장수는 어렸을 적부터 평생 안된다며 반대하던 아버지를 원망만 하고 살았는데, 나중에서야 아버지가 어떤 마음으로 자기의 축구를 반대했는지 알게 된다. 젊은 시절 전국을 떠돌아다니며 축구를 했지만, 자신과 가족까지 고생스럽기만 했던 경험 때문에 아들까지 그런 아픈 기억을 갖고 살게 될까 봐 그런 것이었다. 또 아버지는 동생 민정의 어릴 때 일기장까지 간직하고 있었는데 커서 아주 유명하고 훌륭한 사람이 될 것이라는 믿음으로 유명해지면 책을 만들어주려고 계속 간직해오고 있었던 것이다. 사람들에게 소리나 지르고 못되게 구는 고약한 늙은이처럼 보였지만 사실 그는 아버지로서 그리고 남편으로서 가족을 너무 사랑했기에 짐이 되고 싶지 않았던 것이다. 그런 성칠 할아버지를 가족들도 무척 사랑했기에 모두 연극을 하고 있었던 것이다.

마지막에는 두 사람이 요양원에서 재회한다. 아내를 전혀 기억하지 못하고 처음 만난 사람처럼 인사를 하는 성칠 할아버지를 금님 할머니는 슬픈 표정으로 바라보며 통성명을 한다. 그 장면은 두 사람이 학생 시절 처음 통성명을 하던 기억과 연결되며, 할아버지가 평생 아내를 얼마나 소중하게 생각하고 사랑했는지를 보여준다. 아마 "임금님… 절대 안 잊어버릴게요!"라고 말하는 목소리는 아무도 잊지 못할 여운을 남길 것이다.

## [영화 속 강점 묘사]

영화는 가족의 사랑을 조금은 진부한 설정이지만 본질을 느낄 수 있도록 주인공들의 젊은 시절을 보여준다. 돌이켜보면 사실 아무도 어르신들이 젊었을 때 드라마에서 보던 그런 사랑을 했다는 사실에 주목하지 않고, 그 사랑이 가족을 이루는 근본인 것을 말하지 않는다. 우리는 현재에 집중해야 하지만 동시에 과거를 잊지 않고 과거로부터 혜안을 얻어야 한다. 오늘 이 시간은 곧 그러한 과거가 되기 때문이다. 그냥 부모는 서로 사랑했고, 부모로서 자녀들을 사랑했고, 가족이 서로

사랑하는 것은 당연하다고 여기는 것이 아니라 그 사랑이 어떠한 것인
지 한 번 새로운 눈으로 들여다보는 것도 좋지 않을까? 이 영화는 그러
한 눈으로 보아야 한다. 그럼 영화에 묘사된 사랑을 한 번 다시 살펴
보자.

 ## 치매 환자의 망상에 맞춰 배려해주는 가족의 사랑

성칠 할아버지는 자살 시도에서 깨어난 이후 자신이 혼자 살고 있다
고 굳게 믿게 된다. 그러한 망상은 아무리 말로 설명한들 아무것도 바
꿀 수 없다. 조금 더 깊이 생각해보면 그 사람이 믿고 있는 대로 맞춰주
면 그 사람의 세상은 평화로울 것이다. 이럴 땐 진실을 아는 것이 도움
이 안 될 수도 있다. 대신 가족들은 남인 척 연극을 하지만 눈을 떼지
않고 돌본다. 몰래 들어가서 밥을 해놓고, 등굣길에 할아버지 앞에 반
드시 나타나고, 마트에서 일하게 하면서 지켜보는 일은 성칠 할아버지
의 세상을 지켜주는 그들 나름의 배려였다. 심지어 숨바꼭질하는 막내
손녀 다영이까지…. 나중에 알고 보면 할아버지를 중심으로 그들의 세
상이 돌아갔던 것을 알 수 있다. 덕분에 마지막일 수도 있는 로맨스의
기억도 다시 만들 수 있었을 정도로 금님 할머니는 아픈 몸에도 불구
하고 가족을 위한 본능적인 사랑을 행동으로 보여준다. 재개발을 위해
할아버지를 구슬리려 애쓰기도 하고 할머니도 이를 돕기 위해 할아버

지에게 접근하는 것처럼 보였지만 그것 또한 사랑이 아니라고 누가 말할 수 있을까? 금님 할머니는 억지로 강요하지 않고 감정적 부담을 주지 않으려 애썼다. 가족의 사랑이 있었기에 이 모든 것은 가능했다.

## [긍정심리 영화치료]

사랑은 자신보다 다른 사람의 행복을 더 중요하게 생각하는 마음이다. 아끼는 사람들에게 따뜻한 마음으로 관심을 보여주고, 그들의 필요와 행복을 위해 기꺼이 자신을 희생하는 것이다. 사랑하고 사랑받는 능력은 매우 중요한 대인관계 강점이다.

세상에는 다양한 관계가 있기에 사랑의 얼굴도 다양하다. 이 영화는 가족의 사랑을 보여주었는데 남녀 간의 사랑이나, 친구의 사랑, 또 스승의 사랑은 조금씩 다른 색깔을 가지고 있다. 여기서는 가족의 사랑을 주목해 보겠다.

영화 속 한 마디

"너 초등학교 때 일기장, 아버지 집에서 찾았다. 그거 왜 안 버리고 있었게? 우리 딸내미 큰 사람 될 거니까, 유명한 사람 될 거니까 그때 책만들어 준다고…"

"뭐 안 좋은 일만 있으면 죄다 자기가 죄인인양 미안해하고…"

"그냥 우리 살아 있는 동안만이라도 그냥 이렇게 행복했으면 좋겠어요."

"내 딸이구나. 내 딸이지? 난 지금도 뻔뻔하게 네가 기억이 안 난다. 악착같이 기억하고 싶은데 기억이 안 나…"

"아버지가 그러셨잖아요. 자식이라는 거는 부모 가슴 속에 들어앉아 있는 돌덩이 같은 거라고. 그러니까 아버지, 저희 기억 못 하셔도 돼요. 저희들이 악착같이 꽉 들어앉아 있을게요."


### 영화가 주는 질문과 해결책에 대한 지침


√ 부모님은 자신에게 어떤 존재였나?

√ 자녀가 있다면 자녀에 대한 마음은 어떤가?

√ 사랑하는 사람에게 죽기 전에 꼭 해주고 싶은 얘기는 무엇인가?

√ 꼭 기억하고 싶은 사랑의 추억은 어떤 것인가?

# 친절

친절의 강점은 관용, 배려, 돌봄, 연민, 이타적인 사랑, 애정 등을 수
반할 수 있다. 이 강점이 다른 사람을 향하게 될 때, 친절은 따뜻한 생
각, 표정, 친절한 말 또는 이타적 행동을 통해 타인에게 표현될 수 있
다. 비록 이것은 일반적으로 외부를 향하지만 자기 연민의 형태로 자기
에게 향할 수도 있다(Peterson & Seligman, 2004).

 타인의 친절
The Kindness of Strangers 2019

| 영화개요 | 출연진 |
|---|---|
| 감독: 론 쉐르픽Lone Scherfig<br>장르: 드라마<br>국가: 덴마크, 캐나다, 스웨덴, 프<br>랑스, 독일<br>등급: 12세 이상 관람가<br>러닝타임: 115분 | 조 카잔Zoe Kazan: 클라라 역<br>타하르 라힘Tahar Rahim: 마크 역<br>안드레아 라이즈보로Andrea<br>Riseborough: 앨리스 역 |

## [영화 이야기]

클라라Clara는 어느 날 새벽, 경찰이면서 가정폭력을 행사하는 남편을 떠난다. 두 아들을 깨워 여행 가는 것처럼 행동하지만, 아이들도 이미 눈치를 챈 듯 순순히 따라나선다. 작은 아이가 가보고 싶어 했던 뉴욕으로 가서 그녀가 도착한 곳은 시아버지 집이다. 이틀간 머물게 해달라고 부탁하지만 이미 아들의 전화를 받은 시아버지는 전화해서 알리겠다고 한다. 아이들을 때리기 시작했다는 말에 멈칫하지만, 돈이라도 달라는 부탁도 거절한다. 그후 클라라는 남의 파티에 가서 음식을 훔쳐서 아이들을 먹이고 옷이나 신발도 훔치면서 도서관이나 무료급식소를 전전한다. 그러다 불법주차 견인으로 차까지 잃어버리게 된다. 차는 남편 명의라서 포기하고 아이들과 다시 이동한다.

마크Marc는 친구이자 변호사인 존 피터John Peter와 재판 승소를 축하하는 저녁 식사를 위해 러시아 식당에 간다. 늦게까지 머물다 우연히 식당 사장인 티모피Timofey와 식당 투자자들과 어울리게 되는데 술을 마시며 대화를 나누다 그 식당에 취직하게 된다. 러시아 억양을 쓰며 러시아 사람인 척하는 티모피는 사람은 좋지만, 운영을 잘하지 못해 서비스며 음식 맛이 엉망인 걸 알아차린 마크에게 운영을 맡긴 것이다. 식당 단골인 간호사 앨리스Alice는 병원 일 외에도 무료급식소를 운영하고 어린이 교향악단과 상담 지원그룹인 용서 모임을 이끌고 있다. 그 용서 모임에 다니는 존 피터는 죄가 있는 사람을 변호하는 자신을 용서하고 힘든 마음을 극복하는 데 도움이 된다며 마크에게 모임을 권하고 데려간다. 앨리스는 본인도 마음 아픈 상처가 있지만, 환자들과 노숙자들을 성실하게 돕는다.

일에 서툴러 직장에서 연이어 쫓겨나고 넉 달째 월세를 밀려 살던 곳에서도 쫓겨난 제프Jeff는 무료급식소를 지나다 구직하는 곳인가 해서 들어간다. 앨리스가 자원봉사자인 줄 알고 배식을 하도록 제프를 안내하는 바람에 얼떨결에 그녀의 옆에 서서 음식을 나눠주게 된다. 도구 사용도 잘하지 못하는 제프에게 앨리스가 방법을 친절히 일러준다. 날씨가 점점 추워져 얼마 후 제프는 길에서 노숙하다 저체온증으로 죽기 직전에 구급대원에 의해 구조된다. 겨우 살아난 제프를 안쓰럽게 바라보던 앨리스는 제프의 손을 잡아준다. 제프는 건강을 회복한 뒤 앨리스의 용서 모임이 열리는 교회에서 일을 돕는다. 눈이 내리고 있는데 마당을 쓸고 있는 제프에게 칭찬을 해주자 처음으로 제프는 활짝 웃는다.

러시아 식당에서 손님인 척 행동하는 클라라에게 마크가 다가와 이런저런 질문을 한다. 들킨 것 같아서 클라라는 서둘러 음식과 손님의 옷을 훔쳐 나가고 마크는 그런 클라라의 뒷모습을 보았다. 그러다 어느 중국 식당에서 클라라 앞에 남편이 나타난다. 경찰 친구들의 도움으로 아내와 아이들을 찾은 그는 다 용서할 테니 돌아오라고 하지만 클라라와 아이들은 겁에 질린 표정이 역력하다. 큰아들 앤서니Anthony

의 기지로 세 사람은 다시 몰래 빠져나온다. 거리를 헤매다 교회를 발견하고 몸을 녹이러 들어갔는데 교회 문을 막 닫으려던 앨리스는 자기 사무실에서 자라고 하며 접이식 침대까지 넣어준다.

눈 내리는 밤, 눈을 보러 교회 마당에 나갔다가 쓰러진 막내 주드 Jude를 아침에 발견한 클라라는 황급히 아이의 몸을 녹여보려 하는데, 마침 출근한 제프가 얼른 구급차를 부른다. 병원에서 다행히 치료를 잘해주고 회복 가능성이 있다고 하며 엄마를 안심시키지만 곧이어 원칙대로 아이 아빠에게 연락했고 그가 도착하기 전까지 아이를 보여줄 수 없다고 한다. 남편이 오면 아이들을 죽일 거라고 하며 우는 클라라에게 앨리스는 아무도 주드를 건드리지 못하게 하겠다며 클라라와 앤서니를 내보내준다. 마크의 러시아 식당 피아노 밑에서 잠든 클라라와 앤서니를 발견한 마크는 피아노 앞 바닥에 음식을 준비해 놓는다. 다음 날에도 음식은 그대로 있고 마크는 다시 새로 음식을 준비해 놓아준다. 길고 긴 잠에서 깨어난 클라라는 물을 마시러 주방에 갔다가 마크가 '잔을 줄까요?'라고 묻자 그에게 가서 사과한다. 곧 나가겠다고 하며 사정 이야기를 하자 마크는 식당 꼭대기에 있는 자신의 숙소에 당분간 있으라고 제안한다. 이후 병원에 온 클라라의 남편을 본 앨리스는 얼른 주드를 데리고 나온다. 세 식구는 다시 만났지만 주드는 충격 때문인지 말이 없다. 마크의 컴퓨터로 종일 뭔가를 검색하던 앤서니로부터 아빠 컴퓨터에서 끔찍한 사진들을 봤다는 이야기를 들은 클라라는 결심을 한다. 마크에게 부탁해 소개받은 존 피터의 도움으로 소송을 하고 아이들까지 조사를 받은 후 클라라의 남편은 경찰에 잡히고 마침내 세 사람은 집으로 돌아가게 된다.

## [영화 속 강점 묘사]

영화 속 인물들은 누구 하나 편안하고 여유롭게 사는 사람이 없다. 수많은 사람이 사는 거대한 도시의 골목이 어두운 것은 불빛이 아니라 사람들의 눈길이 없어서는 아닐까? 영화에서는 그런 어두운 골목에서 도움이 필요한 사람들을 살려내는 친절이 빛을 발한다.

클라라와 아이들, 앨리스와 제프, 마크와 존 피터, 티모피까지 영화 속 주인공들의 이타심은 자기 문제보다는 절박하게 도움이 필요한 다른 사람에게 친절을 베풀게 한다. 그리고 그 친절은 머무르지 않고 계속 퍼져나가 더 큰 가치로 돌아온다. 영화에서 친절이 묘사된 장면은 다음과 같다.

 피아노 밑에서 잠든 클라라와 앤서니에게 음식을 준비해주고 숙소까지 내어주는 마크

병원으로 올 남편을 피해 도망친 클라라는 러시아 식당 피아노 밑에

숨어서 앤서니를 안고 잠이 든다. 식당이 문을 닫는 시간에 모자를 발견한 마크는 그녀를 기억하고 그녀의 상황을 파악한 듯 음식을 준비해 바닥에 보이도록 놓아준다. 길고 긴 잠을 자느라 음식은 다음 날 아침에도 그대로 있었고, 마크는 음식을 새로 준비해 다시 갖다 놔준다. 잠에서 깬 클라라와 대화할 때도 아무런 비난도 하지 않고 친절하게 빌려준다. 또 나중에 노숙자들의 임시거처에서 클라라를 데려와 자기 숙소에서 지내게 해준다. 무뚝뚝해 보이지만 연민과 친절한 마음이 빛나는 마크의 도움이 클라라와 두 아이를 살린다.

 경청과 현실적 도움으로 소외된 사람들을 외면하지 않는 앨리스

앨리스는 환자나 보호자들의 이야기를 허투루 듣지 않고 늘 관심을 두고 귀를 기울인다. 그러한 경청은 용서 모임에서도 여실히 발휘된다. 들어주는 사람이 있어서 그 모임은 많은 사람이 대기할 정도로 좋은 지원그룹이 된다. 또 경청을 잘하는 덕분에 앨리스는 도움이 필요한 사람들을 놓치지 않는다. 몸만 좀 녹이다 가겠다는 클라라의 말을 듣고 그녀와 아이들이 그날 밤 잘 곳이 없다는 것까지 파악한다. 자신이 가진 자원을 아낌없이 내어주는 그녀는 친절이 무엇인지 잘 보여준다.

자신이 도움받은 대로 주드를 도와준 제프

제프는 저체온증으로 의식이 없던 주드를 발견한 순간 바로 전화기를 들어 구조를 요청한다. 자신도 노숙하던 중 저체온증으로 죽을 뻔했을 때 도움을 받은 적이 있었기에 잘하는 일 하나 없어서 직장에서 쫓겨나기를 밥 먹듯 하던 제프였지만 사람을 살리는 일을 잘 해낸 것이다. 이것은 그가 도움을 받았던 경험이 있어서 가능했을 것이다. 이렇게 친절은 사람을 살리고 또 다른 사람에게 전달된다.

## [긍정심리 영화치료]

자신이 받은 친절은 다른 사람에게 다시 전달된다. 그렇게 따뜻한 사회를 만들 수 있다. 친절과 선한 행동은 이 사회에 매우 필요한 강점이다. 친절은 인간관계를 부드럽고 편안하게 만든다. 도움이 필요한 사람을 도울 때만이 아니라 일상의 모든 인간관계에서 친절은 행복한 분위기를 만드는 핵심 요소이다. 친절을 베푸는 사람은 자신이 1순위로 행복해진다. 다른 사람을 행복하게 해주는 것을 좋아하고 평화로운 분위기를 선호하는 사람에게서 친절한 행동이 나온다.

## 영화 속 한 마디

"갈 데가 없는 거죠? 그럼 오늘 밤은 제 사무실에서 주무세요."

"뭐든 빨리해내네요. 대단해요."

"당신은 친절하게 대해주잖아요. 그 사람들은 안 그럴 때도."

"좀 친절하면 안 돼요? 끔찍한 일이 일어나도 여기 어떤 분들은 의지할 사람도 없어요. 하지만 타인은 있잖아요. 왜 좀 더 배려하지 못해요? 좀 더 따뜻하게."

"무슨 권리로 그렇게 불친절한가요?"

## 영화가 주는 질문과 해결책에 대한 지침

√ 자신이 받은 최고의 친절은 무엇이었나?

√ 친절한 말이 필요한 사람이 있는가? 무슨 말을 해주면 좋을까?

√ 친절의 구체적인 행동은 어떤 것인가?

√ 선한 행동을 하고 느꼈던 감정은 어떠했는가?

# 사회성 지능

통찰력, 심리적 마음가짐 및 사회적 추론과 마찬가지로, 대인관계의 힘인 '사회성 지능'은 개인적, 정서적, 사회적 구성 요소를 가지고 있다. 개인적 지능personal intelligence은 정확한 자기 이해와 자기 평가를 수반한다. 정서적 지능emotional intelligence이란 감정적인 정보를 잘 사용할 수 있는 능력을 말한다. 사회적 지능social intelligence은 관계의 미묘한 차이에 대한 이해와 인식을 의미한다. 이 세 종류의 지능은 각각 서로 겹쳐질 수도 있다(Peterson & Seligman, 2004; Goleman, 2007).

 그린북
Green Book 2018

| 영화 개요 | 출연진 |
|---|---|
| 감독: 피터 패럴리 Peter Farrelly<br><br>장르: 드라마<br>국가: 미국<br>상영등급: 12세 이상 관람가<br>러닝 타임: 130분 | 마허샬라 알리Mahershala Ali: 돈 셜리 역<br>비고 모텐슨Viggo Mortensen: 토니 발레롱가 역<br>린다 카델리니Linda Cardellini: 돌로레스 발레롱가 역 |

인종차별이 만연하던 미국. 1962년, 흑인 피아니스트 돈 셜리Don Shirley가 차별이 극심한 남부지역으로 연주 여행을 가면서 이탈리아계 백인 토니 립Tony Lip을 보디가드로 고용한다. 일하던 클럽이 두 달간 문을 닫게 되어 이런저런 일을 찾던 토니는 우연히 돈 셜리 박사의 기사 겸 보디가드 일을 제안받는데, 돈이 그의 까다로운 요구조건을 들어주며 두 사람은 함께하게 된다. 영화 제목인 '그린북Green Book'은 흑인이 들어갈 수 있는 식당 등이 적힌 안내 책자이다. 돈 셜리는 차별에 굴하고 싶지 않아 일부러 남부지역 공연을 강행하고, 공연기획사에서는 8주간의 남부 순회공연을 위해 토니에게 그린북을 준다.

성격도 취향도 서로 다른 두 사람은 여행 내내 삐걱댄다. 돈 셜리는 토니에게 매너 있는 태도와 말투 등을 가르쳐주려 하고, 아내에게 쓰는 편지의 문법과 표현 등을 고쳐주면서 이탈리아계 특유의 발음도 교정해준다. 토니는 매너 따위에 신경 쓰지 않는 태도로 일관하지만 그래도 스타인웨이 피아노로만 공연하는 셜리를 위해 공연장 담당자에게 피아노를 바꿔 달라고 요구하는 등 공연 준비를 위한 원칙은 반드시 지켜준다. 또 켄터키 치킨을 한 번도 먹어본 적 없는 돈 셜리에게 진짜 켄터키 치킨을 사서 그 맛을 알려준다. 그렇게 점점 가까워지는 두 사람에게 흑인과 백인으로서 차별을 실감하게 되는 일들이 자주 발생한다.

박사 학위까지 있는 예술가임에도 불구하고 피부색으로 인해 백인에게 무시를 당하며 정장을 사려고 할 때도 입어보지 못하게 하고, 화장실 사용까지 차별당한다. 그러나 돈 셜리는 자신의 품위를 무너뜨리지 않기 위해 감정을 최대한 절제한다. 또 동성애에 대한 차별도 심한 당시 어느 날 밤, YMCA 클럽에서 남자와 같이 있었다는 이유로 경찰에 체포되는데 클럽에서 해결사로 일했던 토니가 나서서 해결해 준다.

얼마 후, 두 사람은 검문을 받는 과정에서 흑인과 이민자에 대한 백인 경찰의 모욕적인 말을 듣게 된다. 이를 참지 못한 토니가 경관을 폭행해 두 사람은 경찰서 유치장에 구금되는데, 셜리의 전화 한 통화로 서장은 주지사의 전화를 받고 경찰들은 사색이 되어 두 사람을 풀어준다.

순회공연 마지막 연주를 앞두고 셜리는 창고를 탈의실로 쓰게 하고 흑인이라서 식사도 못 하게 하는 등 최악의 대우를 받게 되는데, 토니는 지배인에게 주먹을 날리고 셜리를 데리고 공연장을 나와버린다. 마지막 공연을 망치면 보수를 다 받을 수 없다는 것을 알고 있었는데도 말이다. 그리고 두 사람은 건너편에 있는 흑인 클럽에 들어가 흑인들의 소울푸드를 먹고 토니는 모두에게 셜리를 소개하며 연주를 제안한다.

셜리는 클럽 무대의 낡은 피아노로 신들린 듯 연주를 하고 곧이어 재즈 퍼커션들이 합주하며 클럽은 흥겨운 분위기가 된다. 그렇게 자유롭고 신나는 연주를 마치고 나오는데 셜리의 차를 털려고 하는 사람들을 본 토니는 공중에 총을 쏴서 그들을 쫓아낸다.

돈은 폭설이 내리는 악천후를 뚫고 오랜 시차를 운전하느라 피곤한 토니를 뒷좌석에 재운 뒤 직접 눈 속을 운전해 크리스마스 이브까지 뉴욕에 도착한다. 토니의 집에서 친척들까지 모여 파티를 하기 때문이다. 토니는 같이 올라가자고 하는데 돈은 거절하고 집으로 돌아간다. 그러나 곧 마음을 바꿔 다시 토니 집으로 가는데 놀라고 당황한 사람들에게 토니가 돈을 소개한다. 토니의 아내는 도와주신 것이 고맙다며 따뜻하게 돈을 안아준다.

## [영화 속 강점 묘사]

돈과 토니 두 사람은 그 사회에서 약자의 입장이었고 사회적 지능을 발휘해 살아가고 있었다. 어떤 행동이 적절한지를 알고 자신이 선택하는 행동이 어떤 결과를 가져올지도 알고 있다. 전혀 다른 삶의 자리에 있던 두 사람이 만나서 여행을 하며 둘만의 시공간에서 서로 맞춰가는 과정에서 사회적 지능은 다시금 활발히 드러나고, 결국 친구가 되며 그 강점이 빛나게 된다.

차별의 상황을 알고 일부러 공연을 강행하는 돈 설리

　부유하고 높은 지적 수준, 생활 문화 수준을 가진 돈은 그런 것들이
아무 소용이 없는 상황으로 뛰어든다. 흑인이라는 점만 부각되는 인종
차별이 극심한 남부지역에서의 공연은 위험한 모험이지만 모든 상황을
알고 참을 땐 참고, 조심할 건 조심하면서 보디가드를 고용해 떠난다.
그러나 때로 맞서야 하는 상황도 생길 것을 돈은 알고 있다. 다양한
사회적 상황에서 적절한 행동으로 자신이 원하는 것을 얻어야 하는 것
은 모든 사람에게 필요한 강점이다.

 다르지만 상대방을 차츰 수용하는 돈과 토니

　너무 다른 성향과 성격 탓에 공통점이 없어 보이던 두 사람은 때로
부딪히기도 하지만 상대방을 존중하면서 차츰 서로의 방식과 취향을
수용해간다. 토니의 켄터키 프라이드 치킨을 먹게 되는 돈, 그의 도움
으로 좋은 문구로 편지를 쓰는 토니, 그리고 마지막 공연을 포기하고
나와 흑인 클럽에서 함께 소울 푸드를 먹으며 함께 음악을 즐기는 두
사람은 사회적 지능으로 문화적 격차를 줄이고 친구가 된다.

## [긍정심리 영화치료]

사회에 만연한 차별에 길든 사람들은 그것에 직면할 때까지 인식하지도 못할 수 있다. 우리의 편견은 그렇게 사회와 문화의 얼굴을 하고 생기게 된다. 사회적 지능이 필요한 이유는 우리가 다양한 사회적 상황 속에 살아가기 때문이다. 잘 들여다보면 우리 사회에도 차별이 존재하고 나 자신도 모르게 남을 수용하지 못하는 적절하지 못한 행동을 할 수도 있다. 영화를 통해 이를 돌아보고 이를 강점으로, 긍정성으로 바꾸어야 한다. 또 그러한 차별을 경험한 사람들의 상처 또한 치유해야 한다.

영화 속 한 마디

"충분히 백인답지도 않고, 충분히 흑인답지도 않고, 충분히 남자답지도 않다면 그럼 난 뭐죠?"

"외로워도 먼저 손 내미는 걸 두려워하는 사람들이 많거든요."

"나는 평생을 그런 취급을 받았는데 당신은 하루를 못 참습니까?"

"세상을 바꾸는 것은 천재성만으로 충분하지 않죠. '용기'가 있어야 해요."

"폭력으로는 절대 이기지 못합니다. 품위를 유지할 때만 이길 수 있는 겁니다."

영화가 주는 질문과 해결책에 대한 지침

√ 다른 사람의 행동이 거슬린 적이 있다면 무엇 때문인가?

√ 나에게는 어떤 편견이 있나?

√ 적절히 행동하기 어려운 사회적 상황이 있다면 어떤 상황인가?

√ 나와 다르지만, 그냥 받아들인다면 어떻게 될 것 같은가?

# 네 번째 덕목: 정의감 justice

  정의감은 시민적 강점인 시민 정신, 공정성, 그리고 리더십의 세 가지 성격적 강점을 포함한다. 이 덕목은 개인과 사회 사이의 상호작용 개념을 의미한다. 사람들 사이에서 일어나는 상호작용과 관련된 인간성과 대조적으로, 정의감은 사람들 안에서 일어나는 상호작용과 관련된다. 인간성의 강점은 일대일, 그리고 사람과 사람 사이의 관계인 반면, 정의감의 강점은 일대 다수, 그리고 넓은 사회적 관계이다. 인간성은 정의감의 영역을 넘어 돌봄을 포함한다. 돌봄은 연민, 공감과 이해를 함축한다. 돌봄의 목표는 어떻게 다른 사람의 필요를 채울지에 대한 동정적인 결단을 하게 하는 것이지만, 정의감의 가장 기본적인 의도는 도덕적 권리와 책임을 결정하는 데 있어 객관적으로 증거들을 저울질하는 것이다(Peterson & Seligman, 2004).

  정의감의 주제를 가진 영화는 시민의 의무나 공동체의 강점 또는 사회적 활동에 대한 것인 경우가 많다. 정의감은 등장인물의 덕목으로 표현될 수도 있고, 영화의 전반적인 의도의 한 부분으로 나타날 수도 있다. 때로는 개인, 단체 또는 국가의 어려운 상황이 묘사되기도 한다. 리더십과 사람들 상호 간의 지지와 마찬가지로, 일상생활에서의 투쟁, 더 큰 공정성과 평등에 대한 열망, 사회적 책임과 행동은 빈번히 나타나는 주제이다(Niemiec & Wedding, 2013).

# 협동심

협동심은 돕는 행동, 팀워크, 조직에 대한 충성, 조직에 대한 순종, 개인의 진취성, 조직에 대한 전반적인 헌신, 그리고 자기 발전 등을 포함할 수 있다(Podsakoff, MacKenzie, Paine, & Bachrach, 2000).

## 스포트라이트
Spotlight 2015

| 영화 개요 | 출연진 |
|---|---|
| 감독: 토마스 맥카시Thomas McCarthy<br>장르: 드라마/스릴러<br>국가: 미국, 캐나다<br>등급: 15세 이상 관람가<br>러닝타임: 128분 | 마이클 키튼Michael Keaton: 로비 역<br>마크 러팔로Mark Ruffalo: 마이크 역<br>레이첼 맥아담스Rachel McAdams: 사샤 역<br>리브 슈라이버Live Schreiber: 마티 배론 역 |

## [영화 이야기]

2001년 미국 보스턴의 일간지인 〈보스턴 글로브Boston Globe〉의 부정비리 탐사보도 전문 '스포트라이트' 팀에서 30여 년간 이어져 온 가톨릭 사제들의 아동 성추행을 조사하여 보도하는 이야기이다. 편집장 로비Robby를 포함해 마이크Mike, 사샤Sacha, 매트Matt 4인으로 구성된 스포트라이트 팀은 가톨릭 신자의 비율이 높은 보스턴 지역 특성상 가톨릭교회의 문제를 파헤치지 않는 관행을 깨고, 새로 부임한 편집국장 마티 배런Marty Baron의 권유와 지지를 바탕으로 일심으로 협력하여 단순 특종이 아닌 문제를 근본적으로 파헤친 보도로 사회에 큰 영향력을 끼치고, 이로 인해 퓰리처상을 받은 실화이다.

게오건Geoghan 신부가 수년 동안 교구를 옮겨 다니며 수십 명의 아동을 성추행하였고, 보스턴 교구장 버나드 로 추기경Cardinal Bernard Law이 이를 알고도 덮어준다는 변호사 미첼 개러비디언Michell Garabedian의 주장으로부터 스포트라이트 팀의 조사는 시작되었다. 비슷한 사건의 변호사 에릭 맥클리시Eric Macleish를 만나보지만, 비밀유지 조항 때문에 구체적인 답을 들을 수 없었던 팀은 개러비디안에게 요청해 피해자들도 만나고, 피해자 모임의 리더인 필 사비아노Phil Saviano를 만나 믿기지 않는 사건의 윤곽을 점점 확인해간다. 특히 보스턴 출신 편집장 로비는 신문사 맞은편에 있는 가톨릭 재단의 고등학교를 나와 지역사회의 유력 인사들과 친분이 있는데, 친구인 변호사 짐 설리반 Jim Sullivan이 전에 사제 성추행 사건으로 가톨릭교회의 합의를 도와준 적이 있음을 알게 된다. 함께 골프를 치며 은근슬쩍 사건에 관해 물어 보지만 '사회를 위해 좋은 일을 해온 가톨릭을 건드리지 않는 게 좋다.' 며 대답을 회피한다.

사비아노를 통해 생각보다 사건의 규모가 클 것 같다고 직감한 스 포트라이트 팀은 변호사들, 피해자들, 사제들까지 심층 취재하던 중 전직 사제였고 교회 치료센터에서 일한 심리연구가 리차드 사이프 Richard Sipe와 연결되는데, 이러한 사건들이 하나의 심리 현상으로 볼 수 있을 정도로 상당히 빈번하다는 사실과 아동 성추행을 하는 사제 가 약 6%, 즉 보스턴 내에만 약 90명 정도일 수 있다는 정황을 포착한 다. 팀은 가톨릭교회의 인명부에서 성추행 의혹을 받은 사제들이 비슷 한 사유로 교구 이동을 한 것을 단서로 목록을 작성한 결과 87명의 사 제 목록이 완성된다. 변호사 맥클리시와 개러비디안의 협조도 얻어내 고 피해자들과 사제까지 일일이 찾아가 인터뷰하는 등 팀의 지속적인 심층취재는 사건의 실체를 점점 드러내는데, 배런 국장은 이런 일이 반 복되지 않도록 사제 한두 명에서 끝나는 특종 말고 이를 알고도 묵인 하는 교회 시스템을 기사화하라고 한다. 비공개로 지정된 가톨릭교회 의 비리 문건은 〈보스턴 글로브〉에서 공개열람 청원을 한 상태였는데 개러비디언의 기지로 그 문건은 공개되지만, 마침 그때 911테러가 발생하여 잠시 기사는 보류되고 스포트라이트 팀도 테러 취재에 투입된다.

한편 로비는 신부 목록 중 자신이 졸업한 고등학교의 신부 이름을 발견한다. 조사 중에 후배인 피해자를 찾아가 만나는데, 행복한 가정과 좋은 직업을 가진 그가 신부 얘기를 꺼내자마자 표정이 변하고 10분 만에 울음을 멈추지 못할 정도로 큰 트라우마를 안고 살고 있음을 알게 된다. 로비가 고등학교 교장에게 전화해서 만나자고 하자 가톨릭계 중요 인사들까지 몰려와 "정리될 때까지 함구하자"라며 막으려 하지만 로비가 담담히 피해자의 이야기를 해주며 "나나 당신은 그저 운이 좋았을 뿐"이라고 하자 다들 아무 말도 하지 못한다.

천신만고 끝에 그 문건을 받아 결정적인 증거를 확보해 바로 보도하자며 열을 내는 마이크는 교회라는 큰 시스템을 파악하자며 보류시키는 로비와 부딪히기도 한다. 약 70명에 달하는 가해 신부들의 기사가 거의 완성되어 가고 마지막으로 내부자 확인을 위해 로비는 친구 짐을 찾아가 확증을 요청하는데, 굳은 얼굴로 로비를 쫓아내던 짐은 이내 뒤따라 나와 왜 이리 오래 걸렸냐는 속마음을 얘기하면서 가해자들 리스트에 동그라미를 쳐서 확인해준다.

드디어 기사가 나가자 스포트라이트 팀 사무실로 또 다른 피해자들의 전화가 빗발친다. 이후 약 600건의 후속 기사가 나갔으며, 보스턴 대교구 성직자 249명이 성추행으로 고소당하고 생존자는 1,000명 이상으로 추정되었다는 자료를 글로 보여주며 스토리는 끝이 난다. 더

불어 2002년 12월 보스턴 대교구장에서 사임한 버나드 로 추기경은 전 세계에서 최상위 가톨릭교회인 로마의 산타 마리아 마조레 대성당의 수석 사제로 재임명되었으며, 새 부임지에서도 대형 성추행 사건이 밝혀 졌다는 사실과 마지막으로 같은 사례가 발생하는 지역을 보여주는 유 럽, 아프리카, 아시아 전역의 도시 이름들로 화면을 가득 메우며 영화 는 막을 내린다.

## [영화 속 강점 묘사]

영화는 팀의 취재 행적을 중심으로 과장된 묘사 없이 보여주고 있어 관객들의 마음은 아프지만 시원하게 풀어준다. 엄청난 사건을 파헤쳐 기사화하고 지역사회의 큰 권력인 가톨릭교회의 관행을 멈추게 한 '스 포트라이트'는 팀의 협동뿐만이 아니라 많은 사람의 협력으로 이루어 졌다. 가톨릭이라는 큰 시스템 비리의 기사화를 가능하게 한 '협력'은 영화에서 어떻게 묘사되었을까?

 스포트라이트 팀의 협동심

이 팀의 사무실을 보면, 편집장인 로비의 방문은 늘 활짝 열려 있다. 로비와 팀원들의 책상은 모두 앞을 보는 형태로 한 방향을 향하고 있다. 그들은 같은 목표를 공유하고, 말하지 않아도 누구나 수긍하는 명백한 하나의 가치를 향해 따로 또 같이 자기 역할과 협업을 모두 잘 해내는 환상적인 팀워크를 보여준다. 모두 어렸을 때는 성당을 다니다가 어른이 되어 뜸하지만, 신앙의 가치를 존중하고 있으며, 아동성애자 신부의 주위에 어린아이들이 있을까 봐 마음을 쓰고, 상처 입은 피해자들을 가슴 속 깊이 아파하며, 언론인으로서 책임감이 투철하다. 마이크나 사샤의 책상 주위에서 자유롭게 둘러서 의견을 나누는 모습에서, 또 모든 일을 똑같이 짊어지고 가는 편집장 로비의 모습에서 협동심이 발현되는 것을 볼 수 있다. 위계적이거나 중요한 일과 허드렛일을 나누는 문화에서는 결코 볼 수 없는 모습이다. 사샤는 피해자들을 주로 찾아다니며 인터뷰하고, 깐깐한 개러비디안은 주로 열혈 기자인 마이크가 만나고, 때로 로비와 사샤가 함께 움직이기도 하는 등 역할의 차이는 있으나 모두가 중요한 일을 하고 있었다. 그 기사를 아끼는 마음은 모두가 같았고 정의를 위해 냉철하게 일했다.

 스포트라이트 팀과 협력하는 사람들

각고의 노력으로 사회에 큰 반향을 일으키는 기사를 보도한 것은 비단 보도팀의 능력과 성과만이 아니다. 구심점이 된 스포트라이트 팀에 다른 사람들의 협력이 더해져 마치 큰 눈덩이를 만든 것과 같다. 타협하지 않고 늘 피해자들의 인권을 위해 싸워온 개러비디안 외에 가톨릭교회의 요청으로 합의를 처리해 주었던 변호사들도 누구보다 간절히 언론의 역할을 바라고 있었음을 보여준다. 말할 수 없다고 늘 대답을 피하던 맥클리시는 예전에 20명의 가해자 목록을 신문사에 보냈는데 묻혀버린 것을 뒤늦게 언급하고 다음 날 20명의 목록을 보낸다. 사제들의 이름 확인을 거절하던 설리번 역시 마지막에 확인해주며 로비에게 왜 이리 오래 걸렸냐고 묻는다. 그들의 직접적인 언급은 결정적인 증거가 되었다. 또한 피해자들은 용기를 내어 자신의 상처를 드러내어 말해준다. 자기 이름을 써도 괜찮다며 솔직하게 인터뷰에 응한다. 그리고 무엇보다 새로 부임한 배런 국장의 지원과 관심은 기사화될 때까지 큰 힘이 되어주고 기사의 방향을 잡는 데 큰 역할을 한다. 이렇게 모두의 염원을 모아 협력하여 진실을 밝히자 엄청난 파장을 일으키게 된다. 이처럼 협동심은 힘과 영향력을 가져온다.

## [긍정심리 영화치료]

스포트라이트 팀의 협동심은 각 팀원의 특성대로 맡은 역할과 빠르고 분명한 소통 덕분에 빛을 발한다. 협력하여 이뤄낸 보도는 지역사회에 큰 파장을 일으킬 정도로 큰 영향력을 보여준다. 협동심이라는 강점을 가진 팀이 있다면 이는 성과로 이어진다. 그룹의 가치와 목표를 공

유하며 그룹의 일원으로서 조화롭게 한 몸처럼 일했던 그들은 협동심
이라는 강점을 잘 보여준다.

"가끔 쉽게 잊지만 우린 어둠 속에서 넘어지며 살아가요. 갑자기 불
을 켜면 탓할 것들이 너무 많이 보이죠."

"이런 걸 보도하는 게 언론입니까?" vs "이런 걸 보도하지 않는 게 언
론입니까?"

"이젠 모두의 말을 무시해야겠어."

"우린 운이 좋았을 뿐이에요."

"교회가 수십 년 동안 은폐해 온 일입니다. 보스턴 글로브에게 그들
과 싸울 힘이 있을까요?"

"그럼요. 있죠. 저도 하나 여쭤볼게요. 당신은요?(변호사님은 있으세
요?)"

영화가 주는 질문과 해결책에 대한 지침

√부당한 일이나 큰 흐름을 바꾸고 싶은 것이 있나? 그리고 그것을
바꿀 힘이 있나?

√ 자신이 속한 집단에서 목적과 목표를 공유하고 한마음으로 일하고 있나?

√ 어떻게 같은 가치를 공유할 수 있을까?

√ 협력하기 위해 나는 어떤 역할을 할 수 있을까?

## 공정심

　공정심은 불공평, 편파성, 편견, 선입관, 차별, 불공정, 편협함 등이 없을 때 관찰될 수 있는 것이다(Peterson & Seligman, 2004).

 히든 피겨스
Hidden Figures 2016

| 영화 개요 | 출연진 |
|---|---|
| 감독: 테오도어 멜피Theodore Melfi<br>장르: 드라마<br>국가: 미국<br>등급: 12세 이상 관람가<br>러닝타임: 127분 | 타라지 P. 헨슨Taraji P. Henson: 캐서린 존슨 역<br>옥타비아 스펜서Octavia Spencer: 도로시 본 역<br>자넬 모네Janelle Monae: 메리 잭슨 역<br>케빈 코스트너Kevin Costner: 해리슨 역 |

# [영화 이야기]

　미국과 소련의 우주 경쟁이 치열하던 1960년대, 모순적으로 인종차별과 성차별 또한 심하던 그 시대에 나사NASA에서 일하는 3명의 숨은 인물, 흑인 여성인 캐서린 존슨Katherine Johnson, 도로시 본Dorothy Bonn, 메리 잭슨Mary Jackson은 우주선 개발에 필요한 수학을 계산하는 전산원으로 일하고 있다. 소련이 인공위성 발사에 이어 우주비행사 유리 가가린을 우주에 보내는 데 먼저 성공하자, 나사는 우주선 개발에 더욱 박차를 가하게 된다. 이 흑인 여성 주인공들은 시대의 필요를 알고 새로운 영역에 관심이 있는 명석한 여성들로 우주선 개발 임무에 새로운 인력이 필요해지자 기회를 잘 포착해 능력을 발휘하고 인종과 성별의 한계를 넘어선다.

　수학 천재인 캐서린은 백인 남자가 대다수인 연구팀에 계산하는 임시직으로 배정을 받는데, 인종차별과 성차별이 심한 당시 분위기에서 어김없이 많은 어려움을 겪게 된다. 엄격한 복장 규정은 물론 같은 사무실에서도 캐서린은 혼자 다른 커피포트를 써야 했고, 800m 떨어진 건물의 유색인 전용 화장실을 써야 했다. 어마어마한 양의 업무는 촌각을 다투니 볼일을 보는 중에도 자료를 검토하려고 파일 더미를 안고 뛰어갔다가 뛰어오는 일이 반복된다. 비라도 쏟아지면 우산을 들 수 없어 흠뻑 젖은 채로 돌아온다. 중요한 회의에 참석은 제한되어 있고 동료 스탠포드Stanford는 자료를 주면서 중요한 내용이 안 보이도록 까만 펜으로 지우고 준다. 기껏 계산을 마치고 갖다주면 시시각각 바뀌는 자료들 때문에 쓸모 없어지기 일쑤였다. 연구팀을 이끄는 해리슨Harrison은 캐서린의 실력을 마음에 들어 하고 있던 차에 자주 자리를 비우는 것을 보고 화를 낸다. 화장실을 다녀왔다는 말에 화장실을 다녀오는 데 40분이나 걸리냐고 하자 캐서린은 차별적인 업무환경에 대해 목소리를 높여 울분을 토해낸다. 충격을 받은 해리슨은 커피포트에 붙은 유색인 스티커와 화장실의 표지판을 부수어 없애면서 누구나 똑같은 사람임을 언급하며 이제 가까운 화장실을 쓰라고 말한다.

메리 잭슨은 나사의 엔지니어를 꿈꾸지만 지원했던 엔지니어 훈련 프로그램에서 교육이 부족하다는 이유로 거절된다. 필요한 수업을 들으려 해도 그 학교는 백인 전용이다. 메리는 법원에 청원하고 지혜롭게 판사를 설득해 당당히 백인 학교에 가서 맨 앞자리에 앉는다.

도로시 본은 전산원으로 일하며 공석인 수퍼바이저의 역할까지 감당한다. 그러나 오랜 업무로 승진을 요구하는 도로시에게 승진은 시켜주지 않는다. 그러나 사람의 계산 속도와 비교도 되지 않는 대형 컴퓨터 IBM이 나사에 들어온 것을 알게 된 도로시는 프로그래밍 언어인 포트란을 미리 공부하려고 공립도서관에서 포트란에 대한 책을 찾지만, 유색인종 서고에는 없고 백인 전용 서고에만 있어서 그곳에서 찾는데 백인 서고에 있는 도로시를 본 도서관 직원에게 매몰차게 쫓겨난다. 그러나 도로시는 집으로 가는 버스 안에서 숨겨온 책을 꺼낸다. 나는 세금을 냈으니 읽을 권리가 있다면서 당당히 아들에게 책을 펴 읽어준다. 주변에서 늘 듣는 '그러려니 해라'는 건 말도 안 된다면서….

　도로시는 동료 전산원들에게도 미리 포트란을 공부하게 해 대비를 한다. 한편 아무도 IBM을 다루지 못해 작동조차 못 시키고 있을 때 도로시가 들어가 문제를 찾아내고 해결한다. 누가 했는지 궁금해하는 해리슨에게 자신과 동료들이 이 컴퓨터를 다룰 수 있음을 피력해 실직을 면하고 다 같이 재배치를 받는다. 이렇게 세 사람은 보이지 않는 곳에서 최초의 흑인 여성으로서 존재감을 드러내 역사를 다시 쓴다.

## [영화 속 강점 묘사]

　영화 속에서 주인공들이 차별을 겪을 때마다 항의하거나 질문을 하면 모두 하는 말은 '그러려니 해라'라는 것이다. 그러나 그러한 차별에 굴하지 않았던 주인공들은 앞장서서 차별의 상징을 부숴버린 해리슨 같은 사람이 있어서 그 한계를 넘어서는 것이 가능했다. 영화에서 묘사된 그의 공정심을 살펴본다.

## 피부색으로 사람을 보지 않은 해리슨

해리슨의 공정심은 캐서린을 만났을 때부터 드러난다. 백인들이 가득한 연구실로 들어온 캐서린을 모두 낯선 눈빛으로 쳐다보고 차별을 하는데, 해리슨은 캐서린의 실력을 금방 알아본다. 캐서린이 자주 바뀌는 데이터 때문에 아예 펜타곤 브리핑 회의에 참석하겠다고 했을 때, 해리슨은 두말없이 기회를 준다. 심지어 여성이고 민간인이라 자격이 안되는 데도 캐서린이 필요하다고 하자 데리고 들어간다. 또 질문이 나오자 캐서린이 그 자리에서 계산해서 말할 수 있도록 기회를 준다.

 ## 부당한 차별에 직면했을 때 바로 행동으로 맞선 해리슨

해리슨은 캐서린의 재능을 아꼈고 그녀가 중요한 문제 해결에 도움이 될 것을 믿었던 모양이다. 그녀가 화장실에 간 40분간 그녀를 기다렸던 해리슨은 화장실조차 가까운 곳을 가지 못해 비를 맞으며 800미터를 뛰어갔다 왔다는 얘기를 듣고 커피포트와 화장실의 유색인 마크를 떼어 버린다. 모두가 보란 듯이 차별적인 물건들을 부수고 '나사에서는 모두가 공평하다고, 모두 똑같은 색깔의 소변을 본다'고 말한다.

## [긍정심리 영화치료]

이처럼 공정심은 사람의 존재 가치를 있는 그대로 보는 관점에서 출발한다. 그러면 사람을 둘러싼 주변의 모든 것들이 어때야 하는지 판단할 수 있다. 공정심은 여기서 그 빛을 발한다. 흑백 분리 정책은 이제는 없지만, 여전히 이 세상에는 여러 차별이 존재한다. 이 세상을 더 살기 좋은 곳으로 바꾸기 위해서는 이러한 공정심이 필요하다.

영화 속 한 마디

"나사에서 여성에게 일을 맡긴 이유는 우리가 치마를 입어서가 아니라 안경을 썼기 때문이에요."

"우리 앞서 나가려고 하면 결승선을 옮겨 버려."

"그냥 변기 있는 화장실이야. 쓰고 싶은 곳 써. 나사에서는 모두 똑같은 색깔의 오줌을 싸."

"함께 오르지 않으면 정상엔 못 올라가."

영화가 주는 질문과 해결책에 대한 지침

√ 경쟁하는 상황에 있다면 무엇이 공정한 환경일까?

√ 우리의 결승선은 어떤가?

√ 같은 인간으로서 나와 다른 조건으로 같은 권리를 누리지 못하는
사람을 본다면 어떻게 해야 할까?

# 리더십

리더들은 자신의 신념과 가치들에 대해 반드시 알아야 하며, 효과적으로 의사소통을 할 수 있어야 하며, 이러한 신념과 가치들을 다른 사람들이 받아들일 수 있도록 설득해야 한다. 긍정심리학에서 리더십은 어떤 성향보다는 행동의 기능으로 정의된다(Niemiec & Wedding, 2013).

 **명량**
Roaring Currents 2014

| 영화 개요 | 출연진 |
|---|---|
| 감독: 김한민<br>장르: 액션/드라마<br>국가: 한국<br>등급: 15세 이상 관람가<br>러닝 타임: 128분 | 최민식: 이순신 역<br>류승룡: 구루지마 역<br>조진웅: 와키자카 역 |

## [영화 이야기]

대한민국의 위대한 영웅 이순신 장군의 인간적인 면모를 잘 묘사하여 역사적인 해전을 그린 작품이다. 이 영화는 임진왜란 발발 6년, 장군이 수군통제사를 파직당하고 고문을 받는 장면으로 시작한다. 칠천량 해전에서 원균이 이끈 조선 수군이 대패하고, 임진년 이후 처음으로 왜군이 전라도를 휩쓸고 한양을 공략하려 파죽지세로 북상하던 때, 백의종군 중이던 이순신은 무기와 군사를 수습하려 애쓰다 칠천량에서 남은 배 12척을 넘겨받아 벽파진에 진을 치게 된다. 그러나 그곳에서 불과 50리 거리에 왜군이 300척의 배를 이끌고 집결한다. 이렇게 전력 차이가 크던 이때 수군통제사로 재임명된 이순신은 고문의 후유증으로 몸도 성치 않은 상황이다. 승산이 없으니 어명에 따라 육군과 합류하자는 경상 우수사 배설과 장수 안위가 신경전을 벌이고 동요하는 병사들의 탈영이 속출한다. 이순신은 수군을 지원해달라고 육군의 권율 장군에게 전갈을 보내지만 12척의 배로 뭘 할 수 있겠냐, 육군도 사람 하나가 절실하다며 그 제안을 뭉개버린다.

한편, 도요토미 히데요시가 보낸 해적 출신 구루지마의 부대는 도도와 와키자카가 이끄는 왜군과 합류한다. 이순신은 만만히 볼 상대가 아니라는 와카자카를 비웃으며 구루지마는 이순신을 죽이고 하루만에 조선을 점령하겠다고 장담한다. 이순신은 울돌목에서 나는 소리를 칠천량 해전에서 숨을 거둔 사람들의 곡소리로 들으며 원혼들을 보면서 잠을 이루지 못하고 괴로워하던 밤에 자객의 습격으로 상처를 입고 마지막 구선(거북선)이 불타는 모습을 보며 절규한다. 반면 '대도무문(大道無門)'(큰길에 거칠 것이 없다)이라 깃발에 쓰고 있던 왜군 장수 도도는 그 소식을 듣고 좋아한다. 이순신은 울돌목의 물살을 관측하며 회오리에 대해 생각한다. 그리고 이회가 가져온 준사의 전갈을 받고 해남 우수영으로 이동하자며 전력을 정비한다. 모두 승산 없는 전투라고 생각하고 있는데, 이순신을 시해할 음모를 꾸민 배설이 안위의 화살을 맞고 죽는다. 그러나 모두의 뜻을 안 안위 또한 이순신에게 훗날을 도모하라며 목숨을 걸고 간청하자 이순신은 포구 진영 앞에 군사들을 모두 불러 모으라고 한다. 모두 모이자 이순신은 막사를 불태우며 이제는 물러설 곳이 없으니 목숨에 기대지 말라고 한다.

명량해전 당일, 죽음을 각오한 이순신은 어머니의 위패에 절을 올리고 명량으로 올라오는 구루지마 선봉 왜선 330척에 맞서 전군 출정을 명한다. 왜군은 구루지마가 아타케부네를 타고 앞에서 진군하고, 도도와 와카자카는 뒤에서 지켜보고 있다. 이순신은 앞장서서 적을 포격하지만, 점점 빨라지는 물살에 울돌목으로 배들은 몰려가고 대장선을 더 이상 지탱하기 힘들어진다. 초요기를 올려 다른 배들을 부르자는 말에도 이순신은 조란탄으로 바꾸고 백병전을 준비하라고만 할 뿐, 물살이 자기편이라고 생각한 구루지마의 진격으로 전세는 불리하게 보인다. 그러나 닻을 끊고 해류 영향이 적은 섬 근처로 배를 옮길 것을 명하고 초요기를 올리는데 아무도 오지 않자 이때를 놓치지 않고 구루지마는 배를 대장선에 붙일 것을 명령한다. 판옥선에 왜군들이 올라 백병전이 시작되어 곧 배가 포위되자 이순신은 포를 한데 모아 터트리라 명령하고, 이는 성공하여 포위에서 풀리게 된다. 물살이 바뀐 것을 보고 조선군의 전략을 파악한 구루지마는 물살이 약해진 곳을 선점하기 위해 더 속도를 높인다.

하지만 대장선의 화약이 다 떨어진 그때, 화약과 조선인 포로를 실은 구루지마의 화약선이 대장선을 향해 다가오는데 그 배에 타고 있던 임준영은 이를 막기 위해 화약을 버리고 기수를 돌리려다 칼을 맞는다. 멀리서 이를 지켜본 임준영의 아내는 치마를 벗어 위로 펄럭이며 신호를 보내고 이를 본 이회가 함께 하자며 다른 백성들을 촉진해 다같이 함성을 지르며 옷을 흔들자 이를 본 중군장 김응함의 배가 화약선을 발견하고 발포해 대장선까지 닿기 전에 화약선을 터트리는 데 성공한다. 이어 노꾼들까지 나서 모두 죽을힘을 다해 백병전으로 맞붙고 대장선이 살아 있다는데 고무되어 사기가 솟아오르며 다른 배들이 연이어 참전한다. 그러나 다른 왜선들은 이순신을 두려워하며 구루지마를 전혀 지원하지 않는다. 아들 이회는 비로소 이순신이 말한 "두려움을 이용한다"라는 말의 뜻을 깨닫는다. 형의 위패가 포격을 맞아 박살이 나자 구루지마는 분노하여 직접 나선다. 곧이어 소용돌이 속에 양측의 배가 휘말리는데 직접 대장선으로 올라가 화살을 맞으며 칼을 휘두르던 구루지마는 이순신의 칼에 죽는다. 그리고 백성들의 도움으로 대장선은 소용돌이에서 빠져나오고 왜군에 거침없이 충돌해 구선이 부활하며 승세를 이어가자 왜군은 도망치기 시작한다.

그 전투를 이순신은 천행이었다고 한다. 함께 갈대밭을 걷던 이회가 묻는다. 회오리와 백성 중 어느 쪽이 천행이었냐고…, 이순신의 대답은 '백성'이었다.

## [영화 속 강점 묘사]

영화는 엄청난 차이를 보여주는 배의 숫자, 그리고 불리한 상황과 아끼는 장수들의 죽음으로 괴로워하는 이순신의 모습에서 리더십이 더욱 빛남을 잘 묘사하고 있다. 이순신은 위험한 순간들 속에서 모두를 잘 이끌었다. 진정한 리더는 부하들이 믿고 따른다. 그의 리더십이 잘 드러난 장면들을 살펴보자.

 인간적인 리더 이순신

이순신은 아끼는 부하들, 장수들을 잃었을 때 괴로워하고 그들의 이름을 잊지 않으려 한다. 꿈에 나타난 죽은 이들을 부르면 그들이 사라지는 것을 슬퍼한다. 리더는 감정이 없는 사람들이 아니다. 그렇게 사람들을 소중히 하고 그들을 잃으면 감정적 충격에 빠지면서도 자신부터 솔선수범하여 죽음을 각오하고 앞장서는 이순신은 인간적인 리더이다. 리더가 본을 보여야 한다는 생각 때문에 많은 사람이 감정을 차단하고 드러내지 않으려 하지만 이순신은 그러지 않았다. 약한 사람들이 감정을 두려워한다. 감정이 무뎌지면 사람 중심의 리더십을 가질 수 없고, 일 중심의 리더십은 사람들을 희생시키는 비인간적 면모를 보이게 만든다.

 뛰어난 판단력과 책임감 있는 리더 이순신

뛰어난 리더는 부하들에게 늘 엄격하면서도 자신이 책임을 지는 모습을 가지고 있다. 부하들의 탓을 하지 않고 혹시 패배하더라도 자신이 책임을 지는 것이다. 이러한 책임감 덕분에 이순신은 명량해전에서 백성이 천행이었다고 고백한다. 혼자의 힘으로만 이루어 낸 것이 아니라 물살의 흐름을 알려주는 노인, 배를 고치는 백성들, 해전을 지켜보며 신호를 보낸 주민들까지 모두의 협력으로 승리하게 되었음을 알기 때문이다. 울돌목의 소용돌이를 이용하기 위해 조류의 흐름과 그 시간 등을 알고 초요기를 올려야 하는 때까지 정확한 판단으로 전략을 운용하며 승세를 거머쥐자 군사들의 사기는 오르고 결국 불리한 전투의 판세를 뒤집고 만다.

## [긍정심리 영화치료]

300척이 넘는 적군 앞에서 12척의 배만 가지고 나선 불리한 상황에서도 군사들을 잘 이끌어 놀라운 승리를 끌어낸 이순신의 리더십은 장수로서의 그의 사명감과 탁월한 전략을 바탕으로 백성을 가장 중요하게 생각하는 것으로 나타난다. 이런 리더십을 가진 사람을 만난 사람은 매우 운이 좋다. 좋은 리더십을 보고 배울 수 있다. 아마도 명량에서 진정한 영웅은 백성이었을 것이다. 죽음을 각오했던 이순신도 백성이 천행이었다고 고백하며 그의 겸손한 리더십을 보여준다.

영화 속 한 마디

"무릇 장수된 자의 도리는 충을 쫓아야 하고 충은 백성을 향해야 한다. 백성이 있어야 나라가 있고 나라가 있어야 임금이 있는 법이지."

"싸움에 있어 죽고자 하면 반드시 살고 살고자 하면 죽는다."

"바다를 버리는 것은 조선을 버리는 것이다."

"만약 그 두려움을 용기로 바꿀 수 있다면….."

## 영화가 주는 질문과 해결책에 대한 지침

√ 혹시 나에게 사명감이 있다면 그 사명감은 어떤 것인가?

√ 나를 바라보는 누군가가 있다는 사실을 알고 있나?

√ 어려움 속에서 무언가를 할 때 절대 사람을 포기하지 않으며 효율
   성 있게 하려면 어떻게 해야 할까?

√ 지금까지 자신을 이끌어준 사람이 있나?

# 다섯 번째 덕목: 절제력 moderation

절제력은 용서와 자비, 겸손과 온유, 신중함과 자기조절 등의 강점들로 이루어져 있다. 이러한 절제는 부절제를 보호하는 힘들을 가진다. 용서와 자비는 증오로부터, 겸손과 온유는 오만과 거만으로부터, 신중함과 자기조절은 과도한 쾌락 추구로부터 우리를 보호한다. 부정적인 행동들은 억제되고, 완화되거나 더욱 잘 관리된다(Peterson & Seligman, 2004).

절제는 영화에서 가장 적게 묘사되는 장점이며, 가장 발견하기 어려운 덕목 중 하나이다. 그 이유는 제일 덜 매혹적인 장점이기 때문이다. 그것은 속도감 있게 열광적으로 퍼지고 제공하는 소비자 중심의 빠른 문화와는 정반대 방향으로 흐른다. 절제하는 등장인물들을 보여주는 영화는 자제력이 부족하고, 화를 잘 내며 부주의하거나 과도한 행동을 하는 등장인물을 종종 묘사한다. 만약 영화가 그런 내용이라면 등장인물들은 영화가 진행되는 동안 이러한 결함들을 바꾸는 법을 배우고 더 절제하는 사람이 된다(Niemiec & Wedding, 2013).

# 용서

　용서는 지나친 증오의 감정으로부터 우리를 보호한다. 용서라는 힘은 부정적인 감정을 버리는 것을 포함하며 변화의 과정을 돕는다. 용서를 잘하는 사람 대부분은 이전에 화를 나게 했던 사람에 대한 이해의 폭이 넓다. 결국, 그들은 화나게 한 일들을 받아들이며 수용한다 (Peterson & Seligman, 2004).

## 그것만이 내 세상
Keys to the Heart 2017

| 영화 개요 | 출연진 |
|---|---|
| 감독: 최성현 | 이병헌: 김조하 역 |
| 장르: 코미디/드라마 | 박정민: 오진태 역 |
| 국가: 한국 | 윤여정: 주인숙 역 |
| 등급: 12세 이상 관람가 | 한지민: 한가율 역 |
| 러닝 타임: 120분 | 최리: 변수정 역 |

## [영화 이야기]

한때 WBC 웰터급 동양 챔피언이었던 김조하는 가정폭력으로 인해, 엄마는 집을 나갔고 아버지는 언제부턴지 교도소에 가 있어 중학교 때부터 고아처럼 살아왔다. 엄마 인숙은 자폐가 있는 아들 오진태를 키우며 살고 있는데, 어느 날 일하던 식당에 친구와 식사를 하러 온 조하와 마주친다. 부모에 대한 원망이 가득하고 자존심도 센 조하는 전단지를 돌리거나 다른 권투선수들의 스파링 상대를 해주며 근근이 살아가던 차에 엄마의 권유로 함께 살게 된다. 공짜 숙식의 기회를 받아들인 것뿐이고 당분간 지내다가 돈 좀 벌면 나가겠다고 했지만 혼자 살아와 거칠고 투박한 조하의 삶에 엄마와 동생의 자리가 조금씩 생기면서 차츰 가족으로 받아들이게 된다. 엄마가 해주는 밥을 먹고 동생 진태와 게임을 하고 때론 투덕거리며 여느 형제처럼 지낸다.

서번트 증후군이 있는 진태는 배운 적도 없지만 유튜브 영상을 보고 혼자 익혀서 피아노를 잘 친다. 성당에서 피아노 반주도 하고 복지관에 다니며 쇼팽 국제콩쿠르 2위의 피아니스트 한가율의 연주를 좋아한다. 형이 와서 자기 방을 내줬는데 습관처럼 밤이 되면 자기 침대로 가서 자다가 잠결에 한 대 맞은 뒤로 형을 무서워하기도 하지만 라면과 게임과 피아노만 있으면 순하고 착한 양과 같은 존재이다. 엄마는 조하와 진태가 가까워지게 해주려고 애를 쓰지만 조하에게 진태를 맡길 때마다 자꾸 문제가 생기므로 엄마는 조하에게 화를 내며 과민반응을 보인다. 그런 엄마에게 조하는 뒷전인 것 같아 조하는 말할 수 없이 서운하고 속이 상한다.

어느 날 엄마는 한 달간 부산에 일하러 가게 되었다며 조하에게 진태를 부탁한다. 그리고 진태가 프레데릭 피아노콩쿠르에 나가도록 도와달라고 요청한다. 상을 타면 상금의 반을 주겠다는 말에 캐나다로 일하러 갈 생각에 돈을 모으고 있던 조하는 알았다고 하며 그 제안을 받아들인다. 얼마 전 교통사고를 당했던 조하는 자기를 친 사람이 한가율이라는 사실을 몰랐었는데, 우연히 진태가 보던 한가율의 영상을 보고 진태를 데리고 무작정 찾아간다. 한가율은 한쪽 다리를 잃게된 큰 뺑소니 교통사고를 당한 뒤로 피아노를 치지 않는다. 진태의 피아노 연주를 한 번 봐 달라는 조하의 부탁을 거절하고 돌아서는데, 진태는 옆에 피아노가 보이자 덮어둔 흰 천을 벗기고 앉아서 치기 시작한다. 진태의 쇼팽 연주를 듣던 한가율은 다시 계단을 내려와 헝가리춤곡의 한 소절을 친다. 진태가 이어서 다음 소절을 친다. 두 사람은 음악으로 교감하듯 그렇게 말없이 연탄곡을 연주한다.

콩쿠르에서 진태는 멋지게 연주하고 큰 박수를 받지만, 수상을 하지는 못한다. 관객석에서 진태의 연주를 본 가율은 집으로 돌아와 피아노에 앉아 젓가락 행진곡을 연주하고, 그 모습을 이 층에서 가율의 엄마가 내려다본다. 죽기 전에 가율이 다시 피아노 치는 모습을 보고 싶다고 늘 생각하던 가율의 엄마 차 회장은 문 원장을 만나 갈라 콘서트에 진태를 넣어달라고 부탁한다.

다시 일상으로 돌아와 길거리에서 같이 전단지를 돌리다 진태가 갑자기 사라져 찾다가 집에 오니 엄마가 와계시고 진태의 행방을 묻다 놀라서 함께 진태를 찾게 된다. 레코드 가게에서 진태를 발견하고 화를 내는 조하의 뒤를 이어 들어온 엄마는 조하에게 화를 내는데, 조하는 서운함보다 엄마의 모습이 뭔가 이상함을 느낀다. 여기저기 알아보다 병원에 입원해 있는 엄마를 찾아낸다. 늘 건강만큼은 자신하던 엄마였는데 무슨 큰 병이 걸렸는지 홀로 병원에서 치료를 받으며 힘겨워하는 모습을 보인다. 조하는 진태의 피아노를 때려 부수고, 감방에 있는 아버지를 찾아가 분명한 어조로 이제 아들 노릇 안 하겠다고, 교도소에서 나오지 말라고, 엄마 앞에 얼씬거리지 말라고, 다시 보면 맞은 만큼 때려주겠다고 경고한다. 그리고 캐나다로 떠나는데 공항에서 TV에 진태가 나오는 모습을 보고는 발길을 돌려 병원에서 엄마를 모시고 콘서트장으로 향한다. 진태의 멋진 공연을 본 후 얼마 되지 않아 엄마는 조하에게 진태를 남긴 채 하늘나라로 떠난다.

## [영화 속 강점 묘사]

진태는 부모의 돌봄을 받지 못하고 고아처럼 살아온 자신의 외롭고 힘겨웠던 삶으로 인해 부모를 원망하는 마음이 가득하다. 17년 만에 만난 엄마에게 엄마 소리도 잘 안 나온다. 친구에게 얘기할 때도 아줌 마라고 하고, 폭력적인 아버지에게 자기를 혼자 남겨두고 사라진 엄마 를 절대 용서하지 않겠다고 한다. 그러나 아픔과 힘겨움뿐인 삶을 살 아온 주인공들이 의도치 않게 주고받은 상처들을 어떻게 서로 보듬고 어루만지는지 보여주는 영화의 이야기를 따라가다 보면 관객은 용서 가 무엇인지를 배우게 된다.

 차츰 호칭이 바뀌는 조하

조하는 처음엔 '엄마'라고 부르지도 못한다. 엄마 얼굴을 보자마자 자리를 박차고 일어나 나갈 정도로 당황하고 북받치는 감정을 보여준 다. 함께 살게 된 후에 차츰 '우리 엄마'라는 말이 나온다. 진태도 처음 엔 동생이라고 선뜻 받아들이지도, 어디 가서 말하지도 못하다가 '내 동생'이라고 말하게 된다. 이렇게 사람을 그 사람 자체로 수용하는 것 이 용서이다. 존재를 그대로 받아들이면서 자기와 새로운 관계가 되는 것이다. 아빠에게 맞다가 칼을 찾는 아빠를 피해 어린 아들을 놔두고 맨발로 황급히 집을 뛰쳐나간 기억 속의 젊은 엄마는 지금의 엄마와 같 은 사람이라고 할 수 있을까? 조하에게 평생 미안한 마음으로 고생스 럽게만 살아온 그 엄마를 조하는 마침내 받아들인다. 그렇게 과거에 매여 살지 않고 흘려보내며 엄마와 동생과 가족이 된다.

 상처와 용서에 관한 투박하지만, 진실한 대화

조하는 엄마가 아프다는 사실을 알았을 때 매우 분노한다. 진태의 피아노를 부순 것도, 아버지를 찾아가 교도소에서 죽으라고 한 것도 모두 그러한 분노의 표출이다. 엄마를 힘들게 만든 모든 것에 더는 그 화를 참을 수 없었다. 엄마에 대한 연민과 사랑, 홀로 죽을힘을 다해 견뎌온 외로움과 아픔은 17년 동안 용서할 수 없는 삶에 대한 노여움으로 무르익어 조하의 온몸으로 표현된다.

조하는 병원에 누워있는 엄마를 두 번째로 찾아갔을 때 처음으로 자신의 상처를 말로 드러낸다. 엄마가 떠났을 때 왜 나를 안 데려갔냐고, 그렇게 평생 혼자 지내야 했다고, 그땐 나도 아직 애였다고, 아버지 엄마 둘 다 용서가 안 된다고…. 엄마는 자기를 용서하지 말라고 한다. 엄마는 그 어떠한 변명도 없이 조하에게 자신의 잘못을 사과한다. '다시 태어나면 너하고만 살게, 너만 챙기고 내가 못 해준 거 다 해줄게, 미안하다….'

어쩌면 진작 서로 나누었어야 할 가장 중요한 속마음을 너무 늦게 나눈 것은 아닐까? 그래도 미안하다는 말은 마법처럼 사람의 마음을 녹이는 힘이 있다. 조하는 엄마의 미안하다는 말을 듣고 나가며 어린 아이처럼 흐느껴 운다. 용서하지 말라는 엄마의 말은 미안하다는 말에 진실성을 더해준다. 자기로 인해 아팠을 사람에게 용서에 대한 부담까지 주고 싶지 않을 정도로 정말 자기가 잘못했다고 생각하고 미안해하는 마음이다.

## [긍정심리 영화치료]

용서는 원한을 품거나 복수를 꿈꾸지 않고 미움과 분노에 매이지 않음으로써 자신을 자유롭게 만드는 힘이다. 과거의 상처를 지나간 일로 흘려보내고, 오늘을 분노의 노예로 허비하지 않으며, 새로운 출발을 하게 만드는 것이 용서이다. 조하는 자신을 때렸던 아버지보다 자신을 두고 나가버린 엄마에 대한 원망이 더 컸던 것 같다. 엄마를 다시 만난 후에도 마음을 다치는 일이 종종 반복되었지만 조하는 엄마와 화해하기에 이른다.

엄마를 용서한다고 말을 한 적은 없으나 조하가 마음으로는 용서했음을 알 수 있다. 진태의 콘서트에 엄마를 데려갈 때 조하의 손은 엄마의 손을 꼭 잡고 있다. 그리고 엄마의 손을 잡았던 것처럼 엄마가 돌아가신 후 진태의 손을 잡고 함께 걸어간다. 엄마의 진심, 그리고 아픔과 걱정까지 조하는 수용한다. 상처만 가득한 이 나라를 떠나 다시 돌아오지 않겠다고 결심했던 조하는 용서를 통해 자기의 상처를 딛고 일어선다.

영화 속 한 마디

"말해봐요. 나한테 왜 그랬어요?"
"용서하지 마라."
"내 다시 태어나면 니만 챙길게. 니하고만 살끼다. 내 몬해준 거 다
해줄게. 미안하다."

영화가 주는 질문과 해결책에 대한 지침

√ 나한테 잘못한 사람에게 변명할 기회를 준다면 어떤 질문을 하겠
   나?
√ 누군가에게 '미안하다'라는 말을 들을 때 감정이 어땠나?
√ 용서한 뒤의 평안한 마음을 느껴본 적이 있나?
√ 자신이 용서받고 싶은 사람이 있다면 어떻게 얘기하고 싶은가?

# 겸손

　겸손은 자만과 오만으로부터 우리를 보호한다. 겸손한 사람은 심리적으로 현실적이다(Peterson & Seligman, 2004). 이 강점은 개인의 능력에 대한 정확한 평가, 자신의 한계에 대한 인식, 균형 있고 올바르게 자신의 성취를 유지하는 것이다. 새로운 의견에 대한 개방성, 모든 것에 대한 감사와 자신을 잊는 것을 포함한다. 겸손은 자기 중심성의 부족이나 개인의 가치에 대해 과소평가를 의미하는 것은 아니다(Tangney, 2002).

 인턴
The Intern 2015

| 영화 개요 | 출연진 |
| --- | --- |
| 감독: 낸시 마이어스Nancy Meyers<br>장르: 코미디<br>국가: 미국<br>등급: 12세 이상 관람가<br>러닝 타임: 121분 | 앤 해서웨이Ann Hathaway: 줄스 오스틴 역<br>로버트 드 니로Robert De Niro: 벤 휘태커 역 |

## [영화 이야기]

아내와 사별하고 부사장으로 일하던 회사에서 은퇴한 후 여행도 다니고 이것저것 배우기도 하지만 일상이 무료해진 벤Ben은 어느 날 인터넷 의류쇼핑몰 회사에서 시니어인턴을 구한다는 광고지를 보게 된다. 자기소개 비디오를 찍어 보낸 벤은 합격하고 새로 일을 시작한다는 기쁨과 활력이 충만하다. 회사를 창립한 젊은 CEO 줄스 오스틴Jules Ostin은 너무 바빠 정신없는 와중에 시니어인턴 벤이 자기에게 배정된다. 연구로 바쁘신 부모님과 언제나 대화의 거리를 좁히지 못하고 불편한 마음이 있는 줄스는 벤도 부담스러워 처음에는 일도 주지 않고 멀리한다. 그러나 겸손하고 친화력이 좋은 벤은 여기저기 도움이 필요한 부분을 잘 찾아내서 일손을 보탠다. 줄스는 출근을 위해 운전까지 맡은 벤과 대화를 하다가 보는 눈이 남다른 벤에게 뭐든 다 들켜버릴 것 같은 불안감을 느낀다. 그러다 십 년 묵은 체증 같던 회사 내 테이블을 치워준 벤에게 고마움을 느끼고, 야근하느라 늦게까지 회사에 남아있던 줄스 역시 퇴근하지 않고 남아있던 벤과 대화를 한 뒤 마음이 열린다. 벤의 페이스북 계정을 여는 걸 도와주면서 벤에 대해서 알게 되고, 그 회사 건물이 벤의 예전 직장의 공장이었던 것도 알게 된다. 벤과의 대화는 즐거웠고 오랜만에 어른과 어른스러운 대화를 했다는 점에 줄스는 만족한다.

그렇게 두 사람은 한층 가까워진 듯 보였으나 다음 날 아침 줄스는 다른 시니어인턴이 자신을 데리러 온 것을 보고 깜짝 놀란다. 잊고 있었는데 실은 줄스 자신이 바꿔 달라고 요청했다는 것을 깨닫는다. 출근하자마자 벤을 찾아간 줄스에게 벤은 자신이 선을 넘었다면 미안하다고 되레 사과한다. 줄스는 진심 어린 사과와 함께 벤이 도움이 된다며 아예 비서 옆자리로 옮겨와 여러 가지를 도와달라고 부탁한다. 벤은 줄스의 개인적 문제도 척척 해결하고 사업적 안목을 보탤 뿐만 아니라 어린 딸 페이지Paige를 친구 생일파티에 데려다주는 일도 기꺼이 한다. 페이지를 데리고 오던 오후, 벤은 줄스의 남편 매트Matt가 다른 여자를 만나는 현장을 보게 된다. 그 후 마음에 큰 돌을 하나 얹은 듯 벤은 줄스를 똑바로 바라보지도 못하고 진땀을 흘린다.

그때 회사는 외부 CEO 영입을 고려하고 있었다. 차례로 후보들을 만나고 다니던 줄스는 후보 인터뷰를 위해 어느 날 샌프란시스코에 벤과 함께 가게 된다. 호텔에서 줄스는 벤에게 매트가 바람을 피우고 있다고 고백하며 자기의 속 깊은 고민을 털어놓는다. 벤은 줄스의 편이 되어주고 줄스의 마음을 이해해 준다. 줄스는 회사에 뜨거운 열정을 쏟아부었고 여전히 자신이 경영하고 싶지만, 남편과의 관계를 위해서 CEO 영입을 고려했던 것이다. 다음날 인터뷰한 타운젠트를 줄스는 고용하기로 결정한다. 마음에 드는 사람이어서 결정했지만 줄스는 마음 한편이 허전하고 슬프고 밤새 잠을 이루지 못하다가 아침 일찍 벤의 집으로 찾아간다. 벤도 잠을 설쳤다고 하면서 그동안 줄스가 이뤄낸 것이 얼마나 자랑스러운 것인지, 아무리 경험 많은 사람이 온다 해도 줄스가 아는 것을 알 수는 없을 거라며 회사와 줄스는 서로 필요한 존재임을 깨우쳐준다. 믿을 수 있는 벤 덕분에 줄스는 심리적 지지를 얻고 차분히 생각을 정리한다. 회사에 도착해서 타운젠트에게 전화를 하려는 그때 매트가 사무실에 나타난다. 한 번도 꺼내어 얘기하지 않았던 문제를 얘기하며 매트는 고백과 사과를 하고 다시 모든 걸 바로잡으려 한다. 다시 한번 기회를 달라는 매트 앞에서 눈물을 흘리는 줄스, 두 사람은 화해의 포옹을 하고, 줄스의 문제는 해결된다.

## [영화 속 강점 묘사]

대부분의 에피소드는 벤을 중심으로 묘사된다. 벤은 평생에 걸친 삶의 경험과 업무 경력에서 비롯된 통찰력과 능력을 갖추고 자신이 있는 곳이 어디든지 주변에 적절한 도움을 주고 까다로운 줄스의 사적인 영역까지 도움을 주는 멋진 인물이다. 그런데 주위 사람들 모두 좋아하는 그의 매력은 그런 일처리 능력이 아니라 바로 그의 겸손함이다. 그의 겸손함이 드러나는 장면들은 다음과 같다.

## 허드렛 일도 기꺼이 솔선수범하는 벤

벤은 거리를 두며 일을 주지 않는 줄스에게 배정이 되어, 할 일이 없었다. 그러나 그는 스스로 일을 찾고 주위 사람들을 돕기 시작한다. 허드렛일도 마다하지 않는 그의 겸손함 덕분에 그의 눈에는 일이 보였던 것이다. 우편물을 각 사람에게 배달하는 직원이 무거운 우편물 카트를 끌며 혼자 애쓰는 것을 보고는 가서 자기가 밀 테니 우편물을 나눠주라고 한다. 그리고 물건을 쌓아두고 아무도 치우지 않는 쓰레기장이 되어버린 사무실 한가운데 있는 책상을 줄스는 늘 거슬려 했는데 벤이 어느 날 아침 한 시간 일찍 출근해서 깨끗이 치운다. 누구도 중요한 일로 여기지 않던 일이지만 모두를 행복하게 할 수 있는 일은 겸손한 사람의 눈에만 보이는 것이다.

줄스의 운전기사 마이크가 몰래 술을 마시는 것을 보고 줄스보다 먼저 가서 경고한다. 무슨 말인지 모른척하던 마이크는 그의 단호함에 별수 없이 조퇴하고, 벤은 대리로 운전을 하게 된다. 줄스의 출근 픽업도 맡아 운전하는 일까지 떠안게 되지만 벤은 기꺼이 즐겁게 그 일을 하는 모습을 보여준다. 청소나 운전도 겸손한 벤의 품위를 떨어뜨리지 않는다.

## 경청하고 조심스럽게 조언하는 벤

벤의 겸손함에 차츰 마음의 문을 연 줄스는 벤이 페이스북 계정 만드는 것도 도와주고 가장 먼저 그의 친구가 되어준다. 똑똑한 줄스는 벤이 어른의 대화를 할 수 있는 진짜 어른임을 알아차리고, 그에게 누구에게도 털어놓을 수 없었던 부부 문제와 자기의 눈물까지 숨기지 않을 정도로 자기를 열어 보인다. 벤의 겸손함은 그런 상황에서 더욱 빛을 발한다. 그는 언제나 상대의 이야기에 진지하게 귀를 기울이고 조언도 조심스럽게 건넨다. 되도록 상대를 세워주려 애쓰며 조언에 머뭇거리는 모습을 보인다. 술을 마시고 토하는 줄스의 등을 두드려주며, 고마워하는 줄스에게 가볍게 인사를 하며 집으로 보낸다. 즉 자신이 도움을 주었다는 사실을 상대방에게 무거운 부담으로 얹어놓지 않으려는 태도이다. 자기가 해답을 준 현명한 사람이라고 주장하지도 않으며, 자신을 대단한 사람인 양 드러내지도 않는다. 자기는 그냥 '인턴'이라고 말하면서 늘 상대의 마음을 가볍게 해준다. 겸손은 진정한 어른의 덕목이다. 이러한 어른이 많을 때 성숙한 사회가 된다.

## [긍정심리 영화치료]

겸손은 자신을 내세우거나 튀지 않고 다른 사람들을 존중하는 마음이다. 자기보다 나이도 어리고 경험도 적은 사람들을 존중하는 벤의 겸손한 태도는 모든 관계에서 두드러진다. 겸손한 사람은 좋은 관계를 유지하고 모든 사람의 존중을 받으며 영향력 있는 사람이 된다. 겸손한 사람이 주는 조언은 기분 나쁘지 않다. 벤은 겸손이라는 강점을 잘 보여주는 좋은 모범사례이다.

## 영화 속 한 마디

"매일 출근할 곳이 있다는 게 정말 좋은 것 같아요. … 그리고 날 필요로 하는 사람이 있을지도 모르고요."

"전 새 인턴 벤이에요. 전 사장님 세계를 배우러 왔어요. 도움이 된다면 도움을 드리고요."

"보스가 나가야 퇴근하지."

"손수건은 누군가에게 빌려주기 위한 거야."

"회사는 사장님이 필요하고 사장님도 회사가 필요해요. 난 이런 성공을 평생 거두지 못했어요. 대부분 사람이 그래요. 이 크고 아름다운 회사는 사장님이 만들었어요. 이게 꿈 아닌가요? 그 꿈을 버린다고요? 남편이 바람을 피우지 않을 거라는 희망 때문에요? 논리상 맞지 않아요. 이 업적은 그 자체로 자랑스러워요. 그런데 그걸 다른 사람이 앗아가서는 안 되죠."

영화가 주는 질문과 해결책에 대한 지침

√ 내가 도움이 될 만한 곳이 있다면 무엇을 해줄 수 있을까?

√ 다른 사람의 조언을 받아들여 무언가를 바꾸었던 적이 있는가?

√ 다른 사람을 존중하는 태도는 구체적으로 어떤 모습이 있을까?

√ 자신을 내세우고 교만한 사람이 있다면 무슨 말을 해주고 싶은 가?

# 신중성

　신중성은 고삐 풀린 쾌락주의와 연관된 과도한 행위로부터 우리를 보호한다(Peterson & Seligman, 2004). 신중한 사람은 그 사람의 행동을 이끌 때 격렬한 감정보다 이성을 사용하고, 결정할 때 현명한 판단을 한다. 신중한 사람은 가능성으로부터 모든 행동의 위험 요소들을 저울질함으로써 자원을 지혜롭게 사용한다.

## 더 디그
The Dig 2021

| 영화 개요 | 출연 |
|---|---|
| 감독: 시몬 스톤Simon Stone<br>장르: 드라마<br>국가: 영국<br>등급: 12세 이상 관람가<br>러닝타임: 112분 | 캐리 멀리건Carey Mulligan: 이디스 프리티 역<br>랄프 파인즈Ralph Fiennes: 바질 브라운 역<br>릴리 제임스Lily James: 페기 피고트 역<br>자니 플린Johnny Flynn: 로리 로맥스 역 |

## [영화 이야기]

    사유지인 집 앞 넓은 땅을 파 보고 싶은 이디스 프리티Edith Pretty는 고고학에 관심이 많고, 집 앞 둔덕에 무언가 끌림이 있다. 땅속에 어떤 중요한 것이 있을 듯한 느낌을 떨칠 수 없어 이디스는 발굴 작업을 도와줄 사람을 구한다. 이디스의 전화를 받고 온 바질 브라운Basil Brown이 땅을 살펴보더니 그 역시 무언가 특별한 느낌을 받게 된다. 바질은 정식 교육을 받은 사람은 아니었지만, 삽을 들 수 있을 때부터 아버지로부터 배우며 현장에서 전문지식과 감을 익혔다. 오랫동안 독학으로 실력을 쌓아 흙만 봐도 지역과 시대를 다 알 정도이며, 박물관 팀과 같이 일을 해왔다. 두 사람은 임금과 숙소, 조력자 등을 협상한 뒤 곧바로 발굴을 시작한다.

    바질이 신중하게 땅을 파 내려가면서 놀라운 유물이 발견되기 시작한다. 생각했던 것보다 훨씬 더 오래된 유적임을 깨닫고 흥분하는 바질 앞에, 지역 박물관에서 국가적 작업으로 전환해야 한다면서 나타난 고고학자는 팀을 꾸려 작업을 이어받으려고 한다. 하지만 이디스의 바람으로 바질은 계속 프로젝트에 참여하게 된다. 결국, 드러난 유물은 바이킹 시대의 것으로 밝혀지고 부장품을 유치하고자 입스위치 박물관, 대영 박물관에서는 경쟁한다. 점점 쇠약해지며 죽음이 가까이 오는 것을 느끼는 이디스는 유적지에서 아들 로버트Robert가 별을 보며 들려주는 이야기에 감동한다.

## [영화 속 강점 묘사]

그렇다면 영화 <더 디그>에서 '신중성'이 어떻게 묘사되었을까? 영국은 독일과 전쟁을 선포하고 국민의 동참을 원하는 상황이 되는데, 발굴된 유물은 2차 세계대전 동안 런던 지하철역에 안전하게 숨기고 보관한다. 발굴 작업에 참여했던 다른 사람들의 인생도 그려지는데, 모두 삶에 대한 신중성을 다른 시선으로 보게 해준다.

영화에서 주인공 바질과 이디스의 신중성은 '삶'과 '죽음'을 가까이 느끼고, 그것에 대하여 깊이 생각하는 데서 비롯되었던 것으로 보인다. 바질은 사람보다 땅을 더 많이 보며 살아온 사람이다. 서퍽 땅의 흙을 보면 어느 지역의 땅이고 어느 시대의 유물인지를 맞출 수 있을 정도이다. 이디스는 병든 아버지를 11년간 돌보다 보내드렸고, 첫아들을 낳고 남편을 또 잃었다. 이제 어린 아들을 남겨 놓고 자신도 병이 들어 죽음이 가까이 다가옴을 느낀다. 이러한 경험으로 삶과 죽음의 경계를 늘 가까이 느끼며 지내온 이디스는 오래된 것들에 더 매력을 느낀다.

신중성은 우리 삶에 어떻게 작용하는 것일까? 신중성은 한계가 분명한 인간의 삶을 살아갈 수 있게 해주는 힘이 된다. 언젠가 모두 죽게 된다는 사실 앞에서 우리는 모두 공평하다. 그래서 결국 우리는 살아가는 것이 아니라 죽어가는 것이라고 말하는 것이다. 죽음이란 생각만 해도 슬프고 우울한 것일까? 그렇지 않다. 죽음은 삶의 연장선에 있고, 길든 짧든 삶의 마무리로서 영화의 메시지처럼 다음 세대로 이어지는 영원성의 한 부분이다. 제한적인 인간에게 영원성이 있다는 사실이 놀랍지 않은가? 이러한 사실을 생각하면 우리는 삶의 매 순간 신중한 태도를 보이게 될 것이다. '신중성'이라는 강점이 있는 사람은 영원의 일부가 되는 의미 있는 삶을 살아갈 수 있다. 삶의 의미는 그냥 주어지지 않고 우리가 찾고 만들어야 하기 때문이다.

죽음만이 인간의 한계는 아니다. 더 깊이 생각해본다면 인간의 연약함 자체가 더 근본적인 한계인 것이다. 인간은 역사적으로 놀라운 일들을 해내고 세대를 이어가며 더 발전해 왔다. 그런데도 눈에 보이지도 않을 만큼 미세한 바이러스나 모기처럼 작은 곤충이 옮기는 질병에 목숨을 잃기도 하는 연약함을 보인다. 신체는 근육을 단련하거나 양질의 영양 섭취로 강하게 만들 수 있지만, 우울함이나 불안에 매우 취약한 심리상태에서 벗어나는 것은 그보다 어려울 수 있다. 이렇게 연약한 인간이 평생 그 연약함을 견디며 살아갈 수 있게 해주는 힘이 바로 신중성이라고 할 수 있다.

어떤 장면에서 어떻게 주인공들의 신중성이 드러났는지 살펴보자.

바질 브라운의 발굴 작업

　땅을 살펴보고, 발굴을 시작하는 주인공 바질은 단순한 땅 파기가 아니라 유물을 고대하고 조심스레 접근하는 모습을 보여준다. 그러나 발굴을 시작한 지 얼마 되지 않아 무너져 내린 흙에 파묻혔던 바질은 서퍽 땅에 대해 알려주신 할아버지가 떠올랐고, 마치 할아버지가 알려주신 듯 어디를 파야 할지 근거로 발굴을 시작한다. 작업 내내 아내에게서 온 편지도 읽지 않고 저녁에는 책을 읽으며 발굴에만 폭 빠져 지낸 결과 발굴 작업에 대한 그의 공로는 인정받게 된다.

 어린 로버트Robert를 대하는 바질 브라운의 태도

　호기심 덩어리인 로버트는 늘 상상 속 이야기를 하며 바질 브라운의 작업에 흥미를 보인다. 바질은 그런 로버트를 귀찮아하지 않고 첫 만남에서부터 그의 눈높이에서 항상 대화를 나눈다. 발굴 작업 중에도 로버트의 접근을 막지 않고 아이의 말에 귀를 기울여준다. 그런 바질에게 고맙다고 이디스가 인사하자, 바질은 덕분에 정신을 바짝 차리고 일한다고 한다. 로버트는 바질 덕분에 진정 어른다운 성숙한 신중성을 배웠을 것으로 생각한다. 그것은 엄마를 위해 고분에 자리를 만들어 별을 볼 수 있게 하며 이야기를 만들어 들려주는 로버트의 모습에 나타난다.

## [긍정심리 영화치료]

땅속에서 어떤 것들이 나올지 두근두근하는 마음으로 기대하며 그것의 가치를 아는 지식이 신중성을 끌어낸다. 눈앞에 보이는 것은 그냥 흙일뿐이지만 그 아래 어떤 보물이 묻혀 있을지 마음의 눈으로 보는 것이다. 바질은 인간의 존재가 끝없이 이어지는 역사의 일부분이라고 생각하며 유물과 사람을 본다. 그리고 성실하게 발굴하고 숙연한 자세로 작업을 한다.

영화 속 한 마디

"발굴은 과거나 현재가 아니라 미래를 위한 일이라고 했잖아. 후대에 그들의 뿌리를 알려주는 일이니까. 후대와 선대를 잇는 일이라고 입이 닳도록 얘기하지 않았어?"

"온 나라가 전쟁 준비로 바쁜데 왜 당신들은 흙에서 뒹구는데? 다 의미가 있어서잖아. 곧 시작될 전쟁보다 더 길이 남을 일이니까."

"우리는 죽어요. 결국엔 죽고 부패하죠. 계속 살아갈 수 없어요."

"제 생각은 다른데요. 인간이 최초의 손자국을 동굴 벽에 남긴 순간부터 우린 끊임없이 이어지는 무언가 일부가 됐어요. 그러니 정말로 죽는 게 아니죠."

"시간이 지나도 바래지 않는 일을 하시지만, 그거로는 부족해요. 인생은 덧없이 흘러요. 그렇더군요. 붙잡아야 하는 순간들이 있어요."

### 영화가 주는 질문과 해결책에 대한 지침

√ 내가 지금 하는 일의 의미는 무엇인가?

√ 자신의 목표와 진로는 무엇의 일부인가?

√ 지금 내가 붙잡아야 하는 순간은 무엇인가?

# 자기 통제력

자기 통제력은 절제되지 않은 삶과 관련된 결과로부터 우리를 보호한다. 이 강점은 성숙과 훈련을 통해 얻어지는 기술이다(Peterson & Seligman, 2004). 이 강점을 희망하고 바라는 변화를 만들기 위해서는 반드시 명확한 기준, 관찰된 행동, 장애물에 대한 예측과 용기를 기르는 훈련이 필요하다.

## 코치 카터
Coach Carter 2005

| 영화 개요 | 출연진 |
| --- | --- |
| 감독: 토마스 카터Thomas Carter<br>장르: 드라마<br>국가: 미국<br>등급: 15세 이상 관람가<br>러닝타임: 136분 | 사무엘 L. 잭슨Samuel L. Jackson: 코치 켄 카터 역<br>로버트 리카드Robert Ri'chard: 다미엔 카터 역<br>롭 브라운Rob Brown: 케뇬 스톤 역 |

## [영화 이야기]

혹인들이 대부분인 가난한 동네에 있는 리치몬드Richmond 고등학교 농구팀은 제멋대로인 선수들의 구성에다 팀 전력도 엉망이다. 이 학교를 졸업한 스타플레이어 출신으로 지금은 동네에서 작은 스포츠용품점을 운영하는 켄 카터Ken Carter는 모교의 농구 코치를 맡게 된다. 선수들과의 첫 만남에서 코치는 지각하지 말 것, 존중하는 호칭을 쓸 것을 얘기하며 계약서를 내미는데, 선수들은 반발한다. 평균 2.3학점을 유지하고, 모든 수업에 출석하고, 수업 시간에는 앞자리에 앉는다는 것이 계약서 내용이다. 존중하는 말과 태도가 무엇인지 모르는 선수들은 코치의 지적에 대들다가 크루즈Cruz가 체육관에서 쫓겨나게 되고, 이에 계약서가 내키지 않는 몇 명이 더 떠난 후에 훈련이 시작된다. 남은 선수들은 체력 단련과 전술 훈련으로 강훈련을 시작한다.

이 가난한 동네의 학생들이 가진 낮은 자존감과 패배의식을 씻어내고 대학진학으로 인생에서 승리하길 원했던 코치는 경기에는 재킷과 넥타이를 매고 언어습관을 바꾸어 농구와 삶을 존중하는 진정한 승리자의 태도를 보이게 힘쓴다. 카터의 탁월한 전술 훈련으로 팀전력은 향상되고 만년 꼴찌였던 리치먼드 고교 농구팀은 패배를 모르는 강팀이 되어간다. 팀을 떠났다가 다시 농구가 하고 싶어 돌아갔던 크루즈는 마약 딜러였던 사촌의 죽음으로 충격을 받고 코치를 찾아가 울면서 도움을 청한다. 이로 말미암아 삶의 방향을 바꾸게 된 크루즈는 코치에게 순종하며 좋은 선수로 거듭난다.

시즌이 시작되자 16승 0패로 승승장구하던 팀은 점점 유명해지지만, 선수들의 학업 성적이 약속한 수준에 미치지 못하자 코치는 학교 농구장을 폐쇄하고 선수들을 도서관으로 불러 모은다. 팀 전원이 약속한 학점에 도달할 때까지 연습도 경기도 하지 않겠다는 그 결정에 학부모와 교직원은 반발하고 위원회가 열린다. 폐쇄 조치 취소에 위원회는 동의하고, 체육관은 다시 열리지만, 코치는 사임한다. 그러나 체육관에 가보니 선수들이 책상을 갖다 놓고 앉아서 공부하며 코치의 뜻을 따르기로 결정한다. 마침내 농구부 전원이 성적 향상에 성공한 후 다시 농구장에 복귀해 승리를 이어간 리치먼드 고교는 우수한 성적으로 캘리포니아주(州) 토너먼트에 진출하게 된다. 주 토너먼트 첫 시합에서 주 1위의 강호 세인트 프랜시스 고교와 명승부를 펼치며 아쉽게 패배하지만, 리치먼드 고교의 전교생과 교직원은 그들에게 열렬히 환영과 격려를 해주고, 마지막엔 농구팀 대부분의 대학진학을 알려주는 자막으로 막을 내린다.

## [영화 속 강점 묘사]

선수들을 훈련하는 코치 카터는 뛰어난 자기 통제력을 보여주는 인물이다. 그의 훈련으로 뛰어난 기량을 갖추게 된 선수들도 자기 통제력이라는 자질을 얻게 된다. 패배 의식과 낮은 자존감을 변화시키는 것은 이런 훈련으로 얻는 자기 통제력이라고 보아도 과언이 아니다. 가난하고 범죄가 만연한 동네에서 자라 대학진학을 꿈꾸지도 못하던 선수들은 코치 카터를 만나 농구 선수 너머의 인생을 얻게 된다. 이를 위해 자기 통제로 성공한 코치는 선수들에게 그것을 가르친다. 결국, 농구의 승리를 인생의 승리로 가져가도록 도와준다.

 규율과 약속을 정하고 지키게 하는 코치 카터

선수들이 자기 통제력을 얻게 한 것은 코치가 정한 규율과 약속이었다. 왜 그래야 하는지도 몰랐던 선수들은 훈련을 따르며 자기 통제력이라는 강점을 얻게 되고 결국 승리를 이어가는 사람이 된다. 그것은 작은 약속으로부터 시작한다. 훈련 5분 전에 도착하기(지각하지 않기), 흑인을 비하하는 말을 쓰지 않기, 농구를 존중하는 태도를 위해 넥타이를 매고 재킷을 입고 경기에 오기, 제대로 된 호칭을 사용하기, 모든 수업에 출석해 앞자리에 앉기, 평균 학점 2.3을 유지하기 등, 아마 코치가 자신을 훈련했던 방법들이었을 것이다. 그의 엄격한 사랑과 코칭으로 선수들은 다른 삶을 살게 된다.

잘못에 대한 대가를 치르게 하지만 필요할 땐 안아주는 코치

어쩔 수 없는 사정으로 조금만 늦어도 팔굽혀펴기를 250번 하게 하는 등, 한 번 한 약속은 반드시 지키게 하는 코치는 누구도 봐주지 않는다. 선수들은 불가능해 보이는 벌칙도 포기하지 않는 친구를 위해 벌칙도 함께 나눠준다. 이로써 그들은 함께 약속을 지키는 사람이 되어간다. 그리고 승리에 취해 오만해지는 선수들에게 호통을 친다. 그러나 너무 엄격하게만 보이는 그도 눈물을 흘리는 제자는 안아준다. 선수들은 이로써 밝고 건강하게 욕구나 충동을 잘 통제하는 자기 통제력을 갖춘 사람들이 된다.

## [긍정심리 영화치료]

자기 통제는 감정이나 욕구, 충동이 들끓는 자신의 내면을 잘 조절하고 통제하는 능력이다. 이러한 강점이 필요한 것은 비단 운동선수만이 아니다. 이러한 강점이 있다면 우리는 언제나 일을 일찍 끝내고 컨디션 조절을 잘하면서 좋은 성과를 내는 사람이 될 것이다. 자기조절과 자기 통제력이 있는 사람은 일과 삶을 균형 있게 유지하며 생활의 질서를 무너뜨리지 않는다. 충동과 방종으로 삶을 함부로 낭비하지 않으

며, 절제와 자기 훈련이 몸에 배어 있다. 이런 강점은 더 많은 자신감과 좋은 결과로 보답한다.

## 영화 속 한 마디

(체육관 폐쇄조치를 반대하는 사람들에게) "저는 선수들에게 자기들의 인생을 알리고 선택권을 주는 훈련을 가르치려고 하는 것입니다. 15, 16, 17살 소년들에게 농구 계약서의 간단한 규정을 지킬 필요가 없다는 사실을 시인한다면 선수들이 사회에 나가서 법을 어기는 데 얼마나 걸릴 거로 생각하십니까?"

(다시 열린 체육관에서 책상을 놓고 공부하는 선수들) "사람들이 잠긴 문은 열 수 있지만, 우리한테 농구를 하게 만들 순 없어요. 코치님이 시작하신 걸 끝내기로 했다고요."

## 영화가 주는 질문과 해결책에 대한 지침

√ 나에게 주어졌던 규칙은 무엇인가?
√ 어떤 목표를 위해 스스로 지키기로 한 약속이 있는가?
√ 지금 자기 통제를 위한 규율을 하나 정한다면 어떤 규율인가?
√ 자신을 훈련하여 진전을 이루기 위한 새로운 목표를 하나 세운다면?

# 여섯 번째 덕목: 초월성 transcendence

초월성은 정상적인 인간의 경험과 이해를 넘어선 감동이 있을 때 발생한다(Niemiec & Wedding, 2013). 이 덕목은 다음과 같은 의미의 정신적 강점으로 구성되어 있다: 아름다움, 탁월성, 감사, 그리고 영성에 대한 올바른 이해이다. 이러한 능력들은 개인이 전 우주와 연결되도록 도와주고 싶은 목적의식을 제공한다(Peterson & Seligman, 2004).

이러한 초월성의 가치가 묘사되는 영화는 인생의 의미를 찾아준다. 또한 시청자들의 인식을 강화할 수 있는 능력을 주고, 건강한 삶의 변화들을 창조하고, 타인과의 관계를 깊어지게 한다. 그래서 그들이 더욱 중요한 무언가에 깊이 연결될 수 있도록 도움을 준다(Niemiec & Wedding, 2013).

# 감상력

감상력은 경외, 경이로움, 감탄, 놀라움 등과 관련되어있다. 그것은 사람들이 그들 주변의 선함, 아름다움, 탁월함을 발견할 때 강점이 된 다(Niemiec & Wedding, 2013).

 **리틀 포레스트**
Little Forest 2018

| 영화 개요 | 출연진 |
|---|---|
| 감독: 임순례<br>장르: 드라마<br>국가: 한국<br>등급: 전체관람가<br>러닝타임: 103분 | 김태리: 송혜원 역<br>류준열: 재하 역<br>진기주: 은숙 역<br>문소리: 혜원 엄마 역 |

## [영화 이야기]

혜원은 대학 졸업 후 편의점 아르바이트를 하며 임용고시를 준비하다 시험에 떨어지고 시골집으로 내려온다. 처음엔 잠시 머물렀다 올라가겠다고 생각했지만, 도시 생활에 지쳐 있던 혜원은 직접 식재료를 구해다 음식을 해 먹으며 스스로를 돌보면서 시골 생활을 해 나간다. 굴뚝에서 나는 연기를 보고 근처에 사는 고모가 와서 혜원을 데려가 제대로 된 식사를 차려준다. 그동안의 배고픔을 보상이라도 받으려는 듯이 허겁지겁 밥을 먹으며 혜원은 너무 맛있다고 한다.

어릴 때 아빠가 돌아가시고 엄마와 둘이 살던 집이었는데, 엄마는 혜원이 대학을 가기 직전에 먼저 집을 떠났다. 혜원은 엄마에 대해 화가 난 마음을 안고 있지만, 엄마가 해주시던 음식들을 기억하며 자기만의 요리를 해나간다. 도시에서 직장생활을 접고 돌아와 과수원을 하는 어릴 적 친구 재하가 갖다준 강아지 오구를 의지하고, 가끔 친구 은숙, 재하와 함께 막걸리를 만들어 마시기도 하면서 겨울, 봄, 여름을 보낸다. 늘 신선한 재료로 만든 혜원의 음식들은 혜원의 몸과 마음을 채워주고, 금방 돌아가려던 처음 생각과 달리 혜원은 감자를 심거나 고모의 추수를 도와주면서 시골집에서의 삶을 계속한다. 그런 혜원에게 재하는 "그렇게 바쁘게 산다고 문제가 해결돼?"라는 질문을 던져준다. 서울에서 함께 임용고시를 준비하던 남자친구 훈이 먼저 합격했는데 축하도 제대로 해주지 못하고 자기 인생에 대한 고민을 숙제처럼 지고 내려온 혜원이었다. 재하의 질문은 정곡을 찔렀고 혜원의 생각은 더 깊어져 갔다. 곧 혜원은 차츰 마음이 안정되며 남자친구와의 관계를 정리한다. 늦었지만 진심으로 축하도 해준다.

엄마가 떠나면서 남긴 편지를 다시 읽고 엄마를 이해하게 되면서 자기의 삶도 돌아보게 된다. 이윽고 결심한 듯 혜원은 쪽지를 남기고 다시 서울로 올라간다. 혜원이 없는 공간은 친구들이 지켜주고 있었는데 무언가를 심으면서 은숙은 투덜대지만, 재하는 혜원이 인생의 '아주 심기'를 준비하는 것임을 이해하고 있었다. 계절이 한 번씩 바뀌는 동안 성인이 된 이후 처음으로 모든 계절을 시골집에서 살아본 혜원은 그렇게 올라가 서울 생활을 완전히 정리하고 밝은 얼굴로 돌아온다. 드디어 집에 도착해 들어가다 보니 문이 열려 있다. 누가 돌아왔나 본다. 혜원은 환히 웃으며 열린 문을 향해 다가간다.

## [영화 속 강점 묘사]

혜원이 자기 인생의 항로를 결정하는 데 있어서 큰 영향을 미친 것이 바로 '감상력'이라는 강점이다. 실패뿐인 것 같은 도시의 삶을 떠나 시골집에서 자기만의 숲을 다시 찾는 혜원은 소박한 삶의 아름다움을 깨닫고 누린다. 그리고 소박하고 사소했던 그곳의 삶이 지닌 아름다움을 새삼 발견하고 인정하는 것이 감상력의 핵심이다. 그 아름다움을 선택해 인생의 계획을 다시 재정비하고 돌아온다. 요리는 그녀의 세계를 시각, 미각적으로 잘 묘사하며, 감상력이라는 강점을 은유적으로 보여주는 장치였다. 그럼 영화 속에서 감상력이 드러난 부분을 살펴보자.

 철마다 달라지는 풍경과 어울리는 음식으로 자아를 실현하는 혜원

요리는 엄마도 그랬지만 혜원만의 세계를 구축해나가는 과정이었다. 요리를 통해 혜원은 심리적 허기와 신체적 허기를 모두 채운다. 그리고 그런 혜원의 요리는 모두 자연에서 얻은 재료로 만들어져서 시각적으로 아름답고 또 미각적으로도 만족스러워 보인다. 봄꽃 파스타, 삼색 설기떡, 아카시아 튀김, 쑥갓 튀김, 오이면 콩국수, 크렘브륄레, 양파에 채운 감자빵 등 혜원의 요리들이 대부분 그렇다. 도시에서 살던 고시원 냉장고 속과 대조적인 요리들이었다. 말라 비틀어져 가는 사과 반 알, 상한 도시락 등 자연을 느낄 수 없는 재료와 음식들로 인해 혜원은 말 그대로 진짜 '배가 고파서' 내려가게 된다. 시골집에서 혜원의 요리는 풍요로움, 신선함, 아름다움, 그리고 따뜻함과 시원함이 있는 자연의 선물로 비쳐진다. '잘 먹겠습니다'라는 식전 인사는 아마 자연에 대한

감사 기도였을 것이다. 이러한 음식은 바로 혜원의 감상력, 안목으로부터 나온 것이다.

 ## 자연과 동화되는 혜원의 모습

　지붕 위에 올라가 앉아있는 혜원의 모습은 그 자체로 자연과 어우러지며, 여름밤 물가에서 친구들과 다슬기를 잡고 돌 위에 누워 물소리를 들으며 추억을 더듬는 모습 역시 전혀 이질적이지 않고 도드라짐 없이 자연스럽다. 자연의 때를 알고 작물을 심거나, 심지어 태풍이 지나간 뒤 힘들어도 농작물 수습을 돕고, 좌절하지 않고 태풍을 수업료로 생각한다는 재하의 말에도 덤덤하다. 토마토를 먹고 그대로 땅에 던져두면 다시 땅이 토마토를 내어주는 과정을 알고 있는 혜원이 자연을 거스르려 하지 않고 자연이 주는 혜택은 그대로 누리며 자연에서 난 것들로 몸과 마음을 채워나간 덕분일까? 혜원은 시골 풍경과 생활 속에 자연스럽게 동화되고 녹아 들어간다. 도시에서의 생활이 떠오르지 않을 만큼 모든 것이 자연스러운 혜원의 모습이 그러한 감상력의 원천이다.

## [긍정심리 영화치료]

　혜원이 자연과 고향집에서 인생의 전환기를 잘 보낸 덕분에 마음을 정리하고 인생의 다음 단계로 나갈 수 있었다. 이를 위해 엄마는 아빠가 돌아가신 뒤에도 고향집을 떠나지 않고 혜원과 시골에 머물렀다. 혜원의 친구 재하도 비슷한 경험을 하고 다시 농사일을 선택해 돌아온 뒤 삶에 만족한다. 인생이 태클을 걸어올 때 돌아갈 수 있는 곳이 있다면, 또 기억할 수 있는 아름다움이 있다면 다시 방향을 잡을 수 있다. 이게 감상력이 가진 힘이다.

영화 속 한 마디

'혜원이가 힘들 때마다 이곳의 흙냄새와 바람과 햇볕을 기억한다면 언제든 다시 털고 일어날 수 있을 거라는 걸 엄마는 믿어…'

'밤조림이 맛있다는 건 가을이 깊어졌다는 뜻이다. 곶감이 맛있다는 건 겨울이 깊어졌다는 뜻이다.'

"도시에 살다 보니까 보이더라고…. 농사가 얼마나 괜찮은 직업인지… 봄에 말이야 작은 새싹들이…. 거룩한 하늘을 향한 어떤, 그런 작은 대지의 정령들? 같은 그런…. 이건 말로 표현할 수가 없는데…. 그래서 난 정말 굉장히 멋진 직업을 선택한 거 같아."

영화가 주는 질문과 해결책에 대한 지침

√ 언제 계절이 깊어진 것을 느꼈나?

√ 햇볕의 따뜻함이나 바람의 냄새를 어떻게 표현할 수 있을까?

√ 인생이 힘들 때 자신을 품어주는 자연을 경험할 수 있다면 그곳은
  어디일까?

√ 자연 속에서 얻은 깨달음이 있는가?

# 감사

감사하는 마음은 선량함과 감사에 대한 의식과 표현의 결합을 포함하고 있다(Peterson & Seligman, 2004). 이 강점은 행동하려는 생각과 좋은 의지 그리고 올바른 이해의 느낌을 경험하게 하는 역량을 불러일으킨다(Fitzgerald, 1998). 감사하는 마음의 두 단계는 자신의 삶에 선량함을 인정하는 것과 이러한 선량함의 원천이 자신의 외부에 있음을 인지하는 것이다(Emmons, 2007).

 담보
Pawn 2020

| 영화 개요 | 출연진 |
|---|---|
| 감독: 강대규 | 성동일: 두석(승보) 역 |
| 장르: 드라마 | 김희원: 종배 역 |
| 국가: 한국 | 하지원: 성인 승이 역 |
| 등급: 12세 이상 관람가 | 박소이: 어린 승이 역 |
| 러닝타임: 113분 | 김윤진: 명자 역 |

## [영화 이야기]

1993년 인천, 조선족 명자는 사채업자에게 빌린 70만 원에 대한 이자를 두 달째 못 갚아서 돈을 받으러 온 두석과 종배에게 사정해보지만 통하지 않는다. 두석은 다음날까지 갚으라며 그녀의 딸 승이를 담보로 데려가 버린다. 돈을 구해 다음날 딸을 찾으려 했던 명자는 불법 체류 신고를 당해 추방당하게 되는데, 마지막으로 두석에게 연락한 그녀는 최병달이라는 승이의 큰아버지가 돈을 줄 거라고 하며 두석에게 사진과 삐삐를 남기면서 승이를 부탁한다. 잠시 탈출했던 승이를 찾아온 두석은 최병달에게 연락하고 그는 돈을 넉넉히 주겠다며 데리러 갈 동안 승이에게 좋은 것 좀 사주라고 하여 두석과 종배는 승이를 데리고 백화점에 간다. 모두 안심하는 상황이 되자 밝아진 승이는 아저씨들 이름을 물어본다. 지나가다 "승부는 끝났다, 우리가 보스다"라고 적힌 현수막을 읽으며 두석에게 '승보'라는 이름을 지어준다. 아저씨들은 승이에게 옷을 사주고 함께 팥빙수도 먹고, 승이가 좋아한다고 해서 서태지 공연도 보여준다. 두석은 브로마이드를 원하는 승이에게 서태지 앨범 CD까지 사준다. 그사이 정이 들었는지 헤어질 시간이 다가오자 승이도 아저씨들도 아쉬워한다. 다음 날, 두석은 최병달을 만나러 가는데, 큰아버지는 승이의 이름도 모르고 승이도 낯설어한다. 의심스럽고 찜찜하지만 두석은 승이와 삐삐로 연락하기로 약속하고 승이를 보낸 뒤 우울해한다.

연락이 안 되는 승이를 걱정하다 실상은 승이가 룸살롱에 팔린 것을 알게 된 두석은 부산까지 찾아가 승이를 다시 데려오고 차를 팔아 승이의 몸값을 마담에게 보내고 승이를 키운다. 한국 호적이 없어서 입학이 안 되는 승이를 학교에 보내기 위해 두석은 승이를 입양한다. 승이는 처음엔 받아들이지 못했지만, 곧 학교에 가서 공부를 열심히 하며 안정된다. 호칭은 여전히 아저씨지만 두석과 종배는 승이의 가족이 되어준다. 어느 날 한국에 온 엄마 명자는 학원에 다니던 고등학생 승이를 기다리다 오토바이를 타고 승이를 마중 나오는 두석과 승이가 가족처럼 지내는 모습을 보고 그냥 돌아간다. 그 이후 승이는 대학교에 들어갈 때까지 엄마를 만나지 못한다.

대학생이 된 승이가 소개팅을 갔다가 늦은 시간에 의대생 남자 등에 업혀서 들어온 날 중국에서 승이의 외할머니가 전화해 딸 명자를 만나 달라고 부탁한다. 두석은 승이를 데리고 중국으로 가서 엄마를 만나게 해준다. 몸이 아파 곧 죽음을 앞두고 있는 명자는 두석에게 진심으로 감사하다고 절을 하며 마지막 부탁을 한다.

당시 두석은 전에 없는 두통에 시달리고 있었는데, 명자의 부탁으로 승이의 친부를 수소문하는 데만 힘을 쓰고 있다. 승이가 친부를 만나고 있을 때 친부를 만난 승이가 이제 멀어질 거라는 종배의 말을 듣고 쓸쓸한 마음으로 승이의 방에서 추억에 젖어 있던 두석은 승이의 전화를 받는다. 승이는 처음으로 두석에게 "아빠"라고 부르며 데리러 와 달라고 부탁하고, 이에 두석은 행복한 얼굴로 얼른 가겠다고 약속한다. 승이에게 사준 CD 플레이어에 서태지 CD를 틀고 이어폰을 귀에 꽂은 채 오토바이를 타고 가던 두석은 도중에 터널에서 극심한 두통으로 쓰러진다.

이후 10년 동안 두석의 행방은 묘연했고, 승이와 종배는 경찰에 의뢰해 10년 동안 두석을 찾으려 애를 쓴다. 박두석이라는 이름의 무연고자를 찾았다고 연락이 와 찾아가 보면 다른 사람이기 일쑤인데 10년이 지나자 그동안 노력이 충분하다며 종배는 이제 포기하자고 한다. 그러다 문득 승이는 예전에 자신이 지어준 승보라는 이름이 떠올라 다시 경찰서로 가 박승보를 찾아 달라고 한다. 그 결과 형제희망원이라는 곳에 나이대가 비슷한 사람이 있다는 정보를 얻는다.

그렇게 승이와 종배는 그곳을 찾아가는데, 원장으로부터 10년 전 발견 당시 뇌경색이 상당히 진행된 상태였고, 그 당시 그가 가지고 있던 노트에는 '담보'와 '박승보'가 적혀 있었다는 얘기를 듣는다. 두 사람은 자신들을 알아보지도 못하고 멍한 두석의 모습을 보고 눈물을 흘린다. 그리고 두석에게 10년 전에 전해주지 못한 구두를 주다 늘 중요한 물건을 숨겨놓는 양말에서 낡은 통장을 발견하는데, 거기에는 승이를 키우며 오랫동안 저금을 해온 내용이 고스란히 찍혀 있었다. 두석은 담보라는 말에 반응을 보이고 승이는 "아빠, 미안해"라고 하며 두석의 어깨를 안고 오열한다.

이후 승이의 결혼식 날, 승이의 손을 잡고 신부 입장을 하던 두석은 승이를 보고 담보가 아닌 '승이'라고 부르기 시작한다. 감격해하는 승이와 결혼식 사진을 찍는 모습으로 영화는 해피엔딩을 보여준다.

## [영화 속 강점 묘사]

평범하지 않은 상황에서 의도하지 않았지만, 가족이 된 세 사람의 이야기가 감동을 주는 것은 승이를 아끼고 사랑하며 아빠 노릇을 하는 두석과 삼촌 같은 종배가 보여주는 인간성 때문일 것이다. 두 사람은 아이를 모른척하지 않고 위험한 상황에서 아이를 구해내고 부모를 대신해 훌륭히 키워낸다. 삶이 팍팍한 사람들이 아이에 대한 보호와 사랑이라는 인류 공통의 중요한 가치를, 인간이기를 포기하지 않았다는 점에 모두가 안도할 수 있게 해준다. 시간이 지나면서 승이와 승이 엄마도 두 사람에게 감사한 마음을 표현한다.

 명자의 감사 인사

명자는 불우한 삶의 여정에서 딸 승이를 잘 키워준 두석에게 절을 한다. 조선족으로서 가난과 불행을 벗어나기 힘든 인생이었을 것이다.

함께 살 수는 없었지만 잘 자란 승이를 보며 엄마로서 어떤 마음이었을까? 아무런 보상이나 대가도 없이 승이를 사랑하면서 이쁘게 키워 대학까지 보내준 두석에게 명자는 감사한 마음을 표현한다.

 아르바이트해서 구두를 사 온 승이

사랑받고 자란 승이는 두석의 마음을 잘 알고 있다. 아빠라는 말이 쉽게 나오지 않아 늘 아저씨라고 불렀지만, 늘 다정하고 살뜰한 두석을 승이는 아빠처럼 생각하고 있다. 학원에서 늦게 끝나면 오토바이를 타고서라도 데리러 가는 두석에게 승이도 늘 딸처럼 행동한다. 어느 날 승이는 두석의 낡은 신발을 보고는 아르바이트를 해서 새 구두를 사 오는 것으로 자기의 감사한 마음을 표현한다.

## [긍정심리 영화치료]

두석은 말도 거칠고 직업도 변변치 않지만 승이를 키우게 된 이후로는 열심히 일하면서 뒷바라지를 한다. 공부를 잘하는 승이를 학원도 보내주고 또 승이 외할머니의 전화를 받고는 중국까지 가서 엄마를 만나게 해준다. 승이만 신경 쓰느라 자기 몸을 돌보지 않던 두석의 부성애는 매우 감동적이다. 우리 부모 세대는 대부분 자녀에게 이런 전폭적인 지원을 해주었고 이는 매우 감사한 일이다. 다음 세대가 이전 세대의 어려움과 고난을 겪지 않기를 바라는 마음은 숭고한 사랑이니까. 그런 사랑을 받고 자란 것에 대한 감사와 축복을 손꼽아 보는 것은 어떨까?

영화 속 한 마디

"고마움을 어떻게 표현할지 모르겠습니다. 인사받으시오…. 폐만 끼쳐드려서 죄송합니다. 많이 컸습니다. 처녀가 다 됐습니다. 고맙습니다."

"아빠!"

"이제부터는 아저씨가 내 담보니까 정신 차릴 때까지 절대로 안 놔줄 거야."

영화가 주는 질문과 해결책에 대한 지침

√ 지금의 내가 있기까지 나를 돌보고 지원해준 사람은 누구인가?

√ 감사한 마음을 표현한다면 어떻게 표현하고 싶은가?

√ 내 주변에서 감사한 것을 다섯 가지만 꼽아본다면 어떤 것이 있을까?

√ 자신이 받은 축복을 누군가에게 나눠줄 수 있다면 어떻게 하겠나?

# 희망

희망과 낙관optimism은 개념이 겹친다. 그러나 실용적인 구별로, 희망은 감정을 나타내지만 낙관은 생각과 기대를 나타낸다(Niemiec& Wedding, 2008). 희망은 꿈꾸었던 미래와의 연결을 수반하는데, 그 이유는 희망적인 느낌과 생각을 하는 사람들은 그들이 앞으로 나아갈 길을 찾아낼 수 있다고 믿기 때문이다. 그들이 앞으로 나아갈 길이 보일 때 그들의 감정과 행복에 긍정적 영향을 준다(Snyder, Rand, & Sigmon, 2002). 희망은 그들의 사고 행동 레퍼토리를 넓힘으로써 더 많은 극복의 수단을 세운다(Frederickson, 1998; Richman et al., 2005).

 **마션**
The Martian 2015

| 영화 개요 | 출연진 |
| --- | --- |
| 감독: 리들리 스콧Ridley Scott<br>장르: 어드벤처/SF<br>국가: 미국<br>등급: 12세 이상 관람가<br>러닝타임: 142분 | 맷 데이먼Matt Damon: 마크 와트니 역<br>제시카 차스테인Jessica Chastain: 멜리사 루이스 역<br>마이클 페나Michael Pena: 릭 마르티네스 역<br>세바스찬 스탠Sebastian Stan: 크리스 벡 역 |

## [영화 이야기]

    화성 탐사 중이던 아레스 3팀은 18 화성일에 거대한 폭풍을 만나는데 예상보다 강한 폭풍의 위력에 임무를 중단하고 MAV(화성 상승선)로 이륙하려던 차에 불안정한 지지대를 보강하려던 중, 부러진 통신 안테나에 맞고 마크 와트니Mark Watney 대원이 튕겨 나간다. 마크 와트니가 죽었다고밖에 볼 수 없는 상황임을 판단해 모두 화성을 떠나고 NASA는 그의 사망을 공식 발표한다.

    그러나 응고된 피와 파편이 공기 유출을 막아 슈트의 압력이 보존되어 살아남은 마크는 비디오 일지를 남기며 생존 방법을 찾는다. 구조대가 온다 해도 4년이 걸릴 것을 알고 있던 마크는 남은 식량을 계산하고 식물학자인 자신의 강점을 이용해 감자를 재배한다. 태양열 전지를 닦고 인분을 이용해 거름을 만들고 물이 부족하다는 장애물도 수소를 이용해 만들어 공급하면서 재배에 성공하며 희망을 버리지 않는다.

    한편 NASA에서는 예산을 위해 아레스 3 기지를 위성 사진으로 찍다가 18 화성일째와 54 화성일째의 사진에서 먼지투성이던 태양전지가 닦여 있고, 충전 중이어야 할 로버가 이동했다는 사실을 발견한다. 모두 놀라 정밀한 위성 사진을 분석한 결과 와트니의 생존이 알려진다.

    배터리나 난방 문제도 해결하는 등 자신의 과학지식을 총동원해 생존하는 마크는 오래전 임무를 마친 무인탐사선 패스파인더를 떠올리고 아레스 협곡까지 가 모래 속에서 찾아온다. 마크의 이동 경로를 보고 그의 의도를 유추한 NASA에서도 보관 중이던 오래된 패스파인더의 복제품을 꺼내 마크와의 교신을 준비한다. 첫 교신은 성공하고 통신 시간을 줄이기 위해 16진법을 쓰는 등 점점 더 빠르게 텍스트 교신이 가능해지면서 지구에서도 희망을 품고 방법을 찾는다. 두 달간이나 마크의 동료들에게 비밀로 하던 나사는 이에 격분한 마크에게 욕을 먹고 그제야 알리고, NASA에서는 생존에 필요한 보급물자를 보내기 위한 계획을 세운다.

어느 날, 마크는 기지 외부에서 작업하고 들어오다가 에어락과 기지 한 면이 폭발해 기압 차로 감자들이 다 날아가거나 화성의 대기에 노출된 감자와 흙들이 다 얼어버리는 최악의 상황에 부닥치게 된다. 화가 나 흥분하던 마크는 다음 날, 감자밭을 둘렀던 비닐을 뻥 뚫린 기지의 에어락 연결부에 감싸 기지 내 기압을 다시 안정시키고, 화성의 강한 바람에 펄럭이는 비닐과 밖에서 나는 소리에 긴장하지만, 마크는 다시 식량을 점검하고 안에서 버틴다. 이 일로 마크의 생존 가능 기간이 매우 줄어들자 NASA는 보급선 발사를 서둘러 강행하지만, 보급선을 실은 로켓은 곧 기울어지며 폭발한다. 이 뉴스를 지켜보던 중국에서는 자국의 기밀인 위성발사체 '태양신' 호를 구조에 지원하기로 한다. 중국의 협조는 NASA에 새로운 희망이 되어 새로운 보급선 발사를 준비하게 된다.

한편 NASA의 우주 역학팀의 리치 퍼넬Rich Purnell은 귀환 중이던 아레스 3팀의 우주선 헤르메스를 가속해 지구 궤도를 돌아 보급선과 도킹하여 다시 화성으로 보내고, 아레스 4의 MAV로 우주로 나온 마크를 화성 궤도에서 헤르메스가 데려오는 계획을 제안한다. 실패할 경우 모두 죽을 수 있는 위험한 상황이었기에 나사에서 샌더스Sanders 국장은 위험을 감수할 수 없다며 이 계획을 반대하지만, 헤르메스의 동료들은 무려 533일이 더 걸려야 지구로 돌아올 수 있는데도 불구하고 만장일치로 마크를 데려오기로 한다.

마크도 계획대로 아레스 4의 MAV로 가기 위해 로버를 개조하고, 태양 신호의 보급선과 성공적으로 도킹한 헤르메스는 화성을 향해 출발한다. 7개월 뒤, 모든 준비를 마친 마크는 기지를 정돈하고 아레스 3 기지를 떠난다. 4시간 이동, 13시간 로버 충전, 그사이 잠을 자고 다시 이동하는 생활을 반복하며 마침내 도착해 MAV를 개조한다. 지구로 돌아올 연료 확보를 위해 화성 궤도에 진입하지 않고 마크가 저궤도까지 상승해 도킹하는 방법을 쓰기로 한다. 최대한 무게를 줄여 헤르메스와의 거리를 좁히기 위해 보급품이나, 좌석, 제어 패널, 에러 로크, 창문과 선체 패널까지 다 떼어버리고 기지에서 가져온 천으로 외부 공기만 차단하기로 한 계획을 마크는 '미친 짓'이라고 투덜거리면서도 그대로 따르고 그렇게 최대한 무게를 줄인 뒤, 마크의 MAV는 마침내 이륙한다.

이륙 과정에서 강한 가속도 때문에 기절한 마크와 통신이 되지 않자 모두 걱정하는데, 헤르메스의 동료들은 차근차근 문제를 해결하며 기다린다. 이륙 도중 앞을 막고 있던 천이 찢어져 날아가 버려 저항이 계산보다 더 커진 덕분에 MAV의 속력도 느려서 헤르메스와 MAV의 거리가 더 벌어지고, 이 거리를 줄이고 양측의 속도를 맞추기 위해 방법을 찾는다. 마크가 자기 우주복에 구멍을 내서 아이언맨처럼 날아가겠다고 하자 이 아이디어로 힌트를 얻어 헤르메스의 에어락에 폭탄을 설치하여 터뜨려 우주선 내부의 공기를 진행 방향으로 뿜어내고, 마크 역시 손바닥에 구멍을 내어 추진력을 얻어 밖으로 나가 직접 우주로 나온 루이스와 마크가 간신히 만나서 우주선 안으로 들어온다. 반가워하는 그들뿐만 아니라 이를 지켜본 나사와 온 세계가 역사적인 장면을 보며 기뻐하고 마크는 그렇게 무사히 돌아온다. 지구 귀환 1일 차, 우주비행사 양성 프로그램에 가서 강연하는 마크와 아레스 5 탐사대가 발사되는 모습이 나오고, 이를 지켜보는 주인공들의 모습을 보여주며 영화는 끝이 난다.

## [영화 속 강점 묘사]

화성이라는 극한의 이질적 환경에서 살아 돌아온 주인공 마크는 매우 현실적인 생각을 바탕으로 희망을 키워낸다. 식물학자라는 자신이 가진 자원을 생각하고 늘 음악을 듣고 생존 가능성을 측정해 늘려나가며 기록을 남기는 등 힘을 내는 그에게서 희망이라는 강점을 볼 수 있다. 마크는 화성에 혼자 남았다는 사실을 알고도 좌절하지 않고 눈 앞의 문제를 하나씩 해결하는 데 집중한다. 다친 상처를 치료하고 기록을 남기고 생존 가능성을 계산하며 식량과 통신 문제까지 해결하려는 마크의 행동들은 그 자체가 희망이다.

 문제 해결에 몰두하면서도 심리적 자기 관리까지 하는 마크

마크는 화성일지를 영상으로 남기는 과정에서 끊임없이 말을 하고 대장이 남긴 디스코 음악을 들으며 농담도 하고 재치 있는 혼잣말, 자기 격려 등 심리적 자기 관리가 몸에 배어 있다. 그렇게 문제 해결에 몰두해 머리와 몸을 계속 움직이고 마음의 에너지를 충전하면서 누구의 도움을 받을 수 없는 극한상황을 극복해 간다. 이러한 심리적 자기 관리는 희망이 가능하게 하는 것이기도 하고 반대로 없던 희망도 생길 수 있다는 긍정성으로 이끈다.

 통신하기 위해 멀리까지 가서 패스파인더를 찾아오는 마크

이 장면은 구조에 대한 희망을 보여주면서도 소통에 대한 상징적인

교훈을 준다. 통신이 어려울 때 여러 방법을 사용해 교신하는 마크와 나사는 메시지 하나하나에 감격한다. 패스파인더를 생각해내고 그 지점을 찾아가 모래 속에서 찾아내는 장면과 그걸 가져와 글을 써서 카메라로 비추게 하고, 16진법을 써서 긴 텍스트 교신이 가능하게 되기까지 희망은 삶을 포기하지 않게 해준다.

## [긍정심리 영화치료]

희망은 모든 일이 잘될 거라고 막연히 믿는 것이 아니라 내면의 긍정성으로 눈앞의 문제가 해결될 거라는 기대를 해오면서 하나씩 해결해 나가게 하는 힘이다. 이런 희망이 있을 때 사람은 노력할 수 있다. 희망을 잃으면 모든 것을 잃는 것이며, 지금보다 나아질 것이라는 믿음을 잃으면 힘을 낼 수 없다. 긍정적이고 밝은 면을 보면서 미래를 기대하는 마음으로 낙관적인 태도를 보이는 것이 희망이다. 화성이라는 곳에 고립된 마크에게 그러한 희망과 긍정성을 발견할 수 있게 해주는 이 영화는 희망이라는 강점을 잘 보여주고 있다.

영화 속 한 마디

"나는 이 행성에서 최고의 식물학자야."

"이 언덕을 오르는 것도 최초이고 내 발길이 닿는 곳은 모두 최초가 된다."

"우주에선 뜻대로 되는 게 아무것도 없어. 어느 순간 모든 게 틀어지고 '이제 끝이구나' 하는 순간이 올 거야. '이렇게 끝나는구나!' 포기하고 죽을 게 아니라면 살려고 노력해야 하지. 그게 전부다. 무작정 시작하는 거지. 하나의 문제를 해결하고 다음 문제를 해결하고, 그다음 문제도…, 그러다 보면 살아서 돌아오게 된다."

영화가 주는 질문과 해결책에 대한 지침

√ 지금 해결해야 할 문제는 무엇인가?
√ 지금 혼자 화성에 있다고 상상하면 사랑하는 사람에게 남기고 싶은 말은 무엇인가?
√ 지금보다 더 나은 삶을 위해 무엇을 노력할 수 있을까?
√ 당신의 더 좋아진 미래는 어떤 모습인가?

# 유머

    유머는 웃고 장난하는 것을 좋아하는 것이다. 다른 사람을 미소 짓게 하는 것과 역경에서 밝은 측면을 보는 것이다. 이들은 삶을 긍정적으로 보는 경향이 크며, 꼭 필요한 말이 아니더라도 유쾌한 농담을 잘 하는 능력을 갖추고 있다(Peterson & Seligman, 2004).

## 보살핌의 정석
The Fundamentals of Caring 2016

| 영화 개요 | 출연진 |
|---|---|
| 감독: 롭 버넷Rob Burnett<br>장르: 드라마<br>국가: 미국<br>등급: 청소년관람 불가<br>러닝 타임: 93분 | 폴 러드Paul Rudd: 벤 역<br>크레이그 로버츠Craig Roberts: 트레버 역<br>제니퍼 엘Jennifer Ehle: 엘사 역<br>셀레나 고메즈Selena Gomez: 도트 역 |

## [영화 이야기]

작가의 길을 접고 간병인이 된 벤Ben은 뒤셴형 근육위축증을 앓고 있는 첫 환자 트레버Trevor를 만나는데, 트레버는 첫 만남에서 벤을 짓궂은 유머로 놀라게 한다. 18세 청소년인 트레버는 성적인 농담이나 아픈 척하는 극단적인 농담으로 간병인을 놀라게 하고 즐거워한다. 그는 와플과 소시지만 먹는 식사와 배설, 이동과 산책까지 엄마와 간병인의 도움을 받아 생활하고 밤에는 호흡기를 끼고 잔다. 대부분 시간을 집 안에서만 보내는 트레버의 장난은 어딘가 무겁고 처량한 벤의 마음을 움직인다. 미국의 명소를 소개하는 TV 프로그램을 즐겨보는 트레버는 '가장 깊은 구멍'을 보고 싶어 한다. 벤은 트레버에게 세상을 보여주고자 가장 깊은 구멍을 보러 가자고 제안한다. 여행은 엄두도 내지 못하던 트레버보다 걱정이 많은 엄마를 설득하기가 더 어려웠지만 결국 만반의 준비를 하고 두 사람은 여행길에 나선다.

두 사람의 여정은 원래 계획에 없던 다양한 변수들이 생기면서 흥미진진해지고 뜻하지 않은 추억들을 많이 남긴다. 세상에서 가장 큰 소를 보러 갔을 때처럼 재미있고 김빠지는 경험도 있었지만, 어릴 때 헤어진 아버지를 찾아가 만났을 때는 슬픔과 배신감에 위축되기도 했다. 그러다 우연히 차를 태워 준 도트Dot에게 설레는 감정을 느끼고 난생처음 데이트 신청을 한다. 또 만삭의 임산부 피치스Peaches를 태워 목적지인 깊은 구멍까지 동행하다가 도착 후 갑작스러운 출산에 함께 하기도 한다.

서로 장난을 쳐 놀리거나 심한 말다툼도 있었지만, 트레버의 소원과 새로운 경험들을 위해 벤은 노력한다. 트레버가 지금은 몸이 불편해서 하지 못하지만 정말 하고 싶은 것이 서서 오줌 누는 것이었는데, 벤은 911구급차에 부탁을 해서 그 소원을 이루어준다. 사실 벤은 어린 아들을 사고로 잃은 트라우마를 안고 아내와의 이혼을 앞둔 상황이었다. 두 사람의 여행을 통해 트레버는 물론 벤도 함께 성장한다. 경험으로 삶이 충만해지고 상처를 수용할 수 있게 된 벤은 이후 이혼을 마무리한다. 그리고 간병인을 그만두고 다시 글을 쓴다.

아들을 잃은 슬픔으로 자신의 상처에 매몰되어 있을 때와 달리 길에서 태워준 다른 사람들을 돕고 트레버를 보살피면서 벤은 회복되어 간다. 고통스러운 상처의 이유와 해결책에 몰두하지 않고 심리적 에너지의 방향을 반대로 돌려 모두에게 긍정적인 결과를 가져온 것이다. 아픔도 있지만, 시종일관 유머를 놓지 않은 트레버 덕분에 벤도 유머 감각을 회복하고 함께 웃는 순간들을 창조해낸다. 이 영화는 불치병, 장애, 실망과 슬픔 중에도 사람을 빛나게 하는 유머를 잘 보여주고 있다.

# [영화 속 강점 묘사]

영화 속 인물들의 상황을 보면 아프고 슬플 것 같은데 주인공들의 유머는 사람들로 하여금 다른 관점으로 그들을 볼 수 있도록 환기한다. 영화 속에서 빛을 발하는 유머가 어떻게 묘사되었는지 찾아보자.

 장애나 죽음에 대한 두려움을 유머로 승화시키는 트레버

간병인이나 주위 사람들이 조심스러워하는 부분을 트레버는 늘 농담거리로 삼아서 그들을 놀려댄다. 어려서부터 앓아 온 병으로 몸의 기운이 점점 빠져 힘이 드는 형편에서도 장난기는 사라지지 않고 사람들을 당황하게 만들며 혼자 재미있어한다. 비뚤어지지 않은 남자아이의 다소 민망한 농담은 사춘기 소년인 트레버와 잘 어울린다. 솔직하고도 재치 있는 그의 유머는 장애인에 대한 사람들의 편견을 깨고 친근감을 주며 스스로 두려움을 승화시켜 버린다.

장애인이 아니라 한 사람의 인간으로서 트레버를 대하며 유머를 주고받는 벤

벤의 유머도 만만치 않다. 아이를 잃은 뒤 벤은 아마 웃음도 잃었던 것 같다. 늘 기분이 가라앉아 있는 듯한 벤은 트레버에게 똑같이 장난을 치면서 받은 대로 돌려준다. 장난을 혼자만의 전유물처럼 여겼던 트레버는 벤의 역습을 받고 당황해한다. 그러나 결국 유머를 아는 트레버는 벤의 장난에 놀랐으면서도 재미있었다는 것을 인정한다. 이러한 장난으로 두 사람은 더욱 친밀해지고 보다 수평적인 관계가 되며 도움을 편안하게 만든다. 자신과 똑같은 인간으로서 트레버를 대하는 벤에게 트레버는 마음을 열고 그의 도움을 받아들인다.

## [긍정심리 영화치료]

유머는 삶의 긍정적이고 밝게 만들 수 있고 그러한 면을 찾아낼 수 있는 강점이다. 유머가 있는 사람은 사랑받는다. 무엇보다 삶의 불안을 감소시켜 줄 수 있다. 불안을 낮추고 생각을 긍정적인 면으로 전환해 주는 유머는 그래서 마음의 근육을 튼튼하게 해준다. 어두운 상황에 부닥쳤더라도 유머라는 강점이 있는 사람은 힘든 상황을 견디고 무거운 짐을 가볍게 느끼게 된다. 스트레스와 압박으로부터 긴장된 마음

을 풀어주고 주변을 환하게 밝혀주는 유머는 삶에 생동감을 준다.

## 영화 속 한 마디

(면접에서 벤을 계속 놀리며) "말해봐요. 어떤 식으로 닮을 거예요? 어찌 됐든 엉덩이 닮는 건 맞잖아요."

(도트의 데이트 허락을 받은 후) "방금 제임스 본드 같았어. 그렇게 남자다운 건 처음 봐."

(트레버를 놀라게 만든 후) "난 머저리가 아니야. 그냥 좀 재미있는 사람이지."

(둘이 환호성을 지르며) "이것 봐라! 나 서서 싼다!"

## 영화가 주는 질문과 해결책에 대한 지침

√자신의 장애물을 대수롭지 않게 여기며 유머로 바꿔 본다면 어떻게 얘기할 수 있을까?

√자신을 웃게 만드는 것은 어떤 것인가?

√지금 주변의 누군가를 웃게 만들려면 어떤 방법이 있을까?

√최근 큰 소리로 웃었던 경험을 생각해보고 그 이야기를 누군가에게 들려주면서 그 사람을 웃게 만들어본다면 어떤 이야기를 하겠는가?

# 영성

영성은 신성과의 관계를 나타낸다(Niemiec & Wedding, 2013). 피더슨Peterson과 셀리그만Seligman (2004)은 "영성은 많은 인간의 가장 숭고한 것일 뿐만 아니라 특징적인 강점이다. 우리는 영성과 종교를 우주와 각자 내면에 더 높은 목적과 의미에 대하여 시종일관의 신념을 가지는 것이라고 정의한다."라고 서술한다. 영성은 인간의 존재와 인간으로서 무엇이 최선이고 무엇이 신성한 것인지에 대한 탐색을 수반한다(Pargament & Mahoney 2002).

 **핵소 고지**
Hacksaw Ridge 2016

| 영화 개요 | 출연진 |
|---|---|
| 감독: 멜 깁슨Mel Gibson<br>장르: 드라마<br>국가: 미국, 호주<br>등급: 15세 이상 관람가<br>러닝타임: 139분 | 앤드류 가필드Andrew Garfield: 데스먼드 도스 역<br>샘 워싱턴Sam Worthingto: 캡틴 잭 글로버 역<br>테레사 팔머Teresa Palmer: 도로시 셔트 역<br>휴고 위빙Hugo Weaving: 아버지 톰 도스 역 |

## [영화 이야기]

  일본의 진주만 공격으로 2차 세계대전이 한창일 때, 신앙심이 깊은 데스먼드 도스Desmond Doss는 남동생을 비롯해 주위에 있는 사람들이 모두 참전하자 자신도 가만히 있을 수 없다고 생각해 의무병으로 자원입대를 한다. 그런데 신앙의 계명을 지키기 위해 총을 잡는 것을 거부하자 부대에서는 데스먼드를 괴롭히고 항명했다며 영창에 보낸다. 연인과 약혼하고 입대한 데스먼드는 훈련을 마친 후 첫 휴가를 나가면 결혼식을 올리기로 약속한 상태인데도 소총 훈련을 마치지 않았다는 이유로 휴가도 보내주지 않고 양심적 병역 거부자로 강제 전역을 시키려고 한다. 그러나 자기의 신념을 지키고 끝까지 병역을 마치려는 데스먼드는 자신을 폭행한 다른 병사들의 이름을 알리지 않고 의무병으로 참전할 수 있게 해달라고 요청한다.

  데스먼드는 선한 성품으로 아무에게도 피해를 주지 않으며 의무병으로서 사람을 살리는 일에 헌신하고 싶어 했다. 그러나 전쟁은 남자들에게 총을 잡아야 자신과 나라를 지킬 수 있다는 신념을 심어주었다. 언제든 죽을 수 있는 전쟁터로 가야 하는 군인들은 그를 이해하지 못했고 그의 신념에 거부감을 드러냈다. 사실 데스먼드는 1차 세계대전에 참전했던 아버지가 전쟁 후유증으로 알코올 중독에 빠져 폐인처럼 지내는 모습을 보며 자랐다. 아버지는 두 아들이 입대하기를 원하지 않았다. 신앙심이 깊은 어머니의 헌신적인 사랑과 노력으로 가족은 유지되었지만, 데스먼드는 언젠가 술에 취해 권총 자살하려는 아버지를 말리려던 어머니를 보호하려다 아버지의 총을 빼앗아 겨누었던 기억이 있다. 또 어릴 적 남동생과 놀다가 몸싸움을 벌어졌을 때 동생을 돌로 쳐 동생이 사경을 헤매고 거의 죽을 뻔하다 살아난 경험도 있다. 그는 자기 안의 폭력성을 마주했고, 이후 신앙적으로 살인하지 말라는 계명을 지키기로 굳게 다짐했던 것이다. 그리고 어떤 상황에서도 그는 이러한 자기 신념을 굽히지 않았다.

데스몬드는 군법회의에 회부되어 교도소에 갈 위기에 처한다. 이에 아버지는 총에 맞아 죽어가던 전우들이 생각나 쳐다보지도 못했던 1차대전 당시 입었던 군복을 꺼내 입고 아들을 위해 자신이 참전했던 1차대전 당시 부대 지휘관이었던 현역 육군 준장을 찾아가 선처를 부탁한다. 모든 상황과 재판은 데스먼드에게 불리하게 진행되고 있었으나 아버지가 육군 준장의 편지를 들고 와 제출하자 데스먼드는 무죄 판결을 받고 의무병으로 복무하게 된다. 그리고 휴가를 나가 결혼식을 올린 뒤 부대로 복귀해 악명 높은 핵소 고지로 향한다.

핵소 고지는 일본군이 선점하고 있어서 미군은 올라가는 부대마다 전멸되었다. 동료 병사들은 모두 두려움을 애써 감추며 절벽을 타고 올라가 접전한다. 어제까지도 막사에서 함께 생활하던 동료들이 옆에서 쓰러져 죽어가는데, 총을 들지 않은 데스먼드는 병사들에게 주사를 놓고 붕대로 상처를 싸매며 생명을 구하려 애쓴다. 너무 많은 병사가 죽어가는 모습을 보면서 데스먼드는 간절히 하나님에게 자기가 무엇을 해야 하는지 묻는다. 그리고 한 명만 더 구하게 해달라고 기도하며 부상자들을 한 명씩 구조해 절벽에서 밧줄로 달아 내린다. 마침 철수 중이었지만 남아있던 병사 둘이 절벽에서 내려오는 부상자들을 받아 잘 내려준다. 그렇게 한 명만 더, 한 명만 더하며 데스먼드는 75명을 구한다. 캡틴 글로버 대위는 지원 병력을 요청하러 갔다 오면서 부상자들이 구조된 상황을 보고 깜짝 놀란다. 모두가 겁쟁이라고 생각했던 데스먼드는 그렇게 다친 자기 부대 병사들을 구조하여 살려내는 누구도 생각지 못한 활약을 한다.

글로버Glover 대위는 자기가 사람을 잘못 봤다며 사과하고 이후 부대원들은 데스먼드를 다른 눈으로 보기 시작한다. 전투에서 다른 병사들 모두 다시 핵소 고지에 올라가기 전에 데스먼드의 기도를 기다린다. 데스먼드가 같이 가지 않으면 안 가겠다는 병사들이 많아 데스먼드는 기도하고 그렇게 올라간 전투에서 드디어 미군이 승리한다. 그리하여 최초의 집총거부자 데스먼드 도스는 모두의 인정과 명예 훈장을 받게 된다.

## [영화 속 강점 묘사]

총을 들고 싸워야 하는 군대에서 아무도 그의 신념으로 나타나는 그의 신앙을 반기거나 존중하지도 않았지만, 결국 데스먼드의 신념이 수많은 사람들을 살려낸다. 이를 알고 난 이후 데스먼드가 기도해 준다면 모두 용기를 내어 고지로 올라갈 수 있게 된다. 그의 영성은 사막에 피어난 꽃처럼 전시 상황에서도 빛이 난다.

 신앙을 핑계 삼지 않고 군에서 복무할 이유와 방법을 찾아낸 데스먼드

전쟁에 자원입대하는 청년들의 모습을 볼 때 데스먼드는 자신도 가만히 있을 수 없다고 생각한다. 총을 들지 않는 그를 용기 없는 겁쟁이라고 모두 생각했지만, 동생이 먼저 입대하고 아버지가 괴로워하는 사실을 알고 있었음에도 자원입대한다. 모두가 죽고 죽이는 전쟁터는 분명 그의 신앙적 양심과 대립되는 곳이다. 그러나 데스먼드는 사람을 살리기 위해 입대한다는 자신만의 명분을 찾고 의무병으로 복무하겠다는 방법도 찾아 의학 공부를 하고 입대한다. 집총을 거부하는 그에게 모두 등을 돌리는 예상치 못한 난관이 있었지만 그 순간에도 자기 신념을 포기하지 않고 사람을 살리는 일에 복무하겠다는 의지를 굽히지 않는다. 사람을 살린다는 숭고한 가치를 위해 그의 신념을 고수할 수 있게 하는 힘이 바로 '영성'이다. 그에게 사람을 살린다는 것은 어떤 의미가 있었을까? 모두가 총을 들고 싸울 때 자신만은 총을 들지 않겠다

는 신념을 어떻게 지킬 수 있었을까? 영성은 남과 다른 것을 보는 눈을 가진 힘이다. 남다른 가치를 추구하고 자기만의 이유와 방법을 찾기 때문에 같은 곳에 있어도 전혀 다른 길을 가는 사람들이다. 누군가에게는 어리석어 보이겠지만 데스먼드의 경우처럼 결국 영성은 어두울 때 빛을 말한다.

 자신의 힘을 의지하기보다 신에게 의탁하고 기도하며
기적을 이루는 영성

영성이 있는 사람은 초월적인 존재 앞에서 자신을 겸손히 낮출 줄 알기에 자기의 힘을 의지하지 않는다. 모든 상황에서 기도하며 자신과 상황을 신에게 의탁한다. 누구도 해낼 수 없는 기적을 혼자 힘으로 이뤄낸 데스먼드는 매 순간 '한 명만 더 구하게 해주소서'라고 기도하며 한 번에 한 명씩 온 힘을 다해 구해낸다. 그의 기도는 거창하지 않다. 전 부대, 혹은 100명, 10명이 아니라 한 사람 한 사람에게 집중하는 기도는 멸망을 앞둔 소돔과 고모라 성에서 단 한 사람의 의인을 찾으려는 아브라함의 기도와 비슷하다. '한 사람'이 가장 중요한 희망이자 간절한 기도로 구할 대상인 것이다. 따라서 영성은 인간만의 강점이고, 겸손함과 떼려야 뗄 수 없는 강점이다. 자신을 낮추지 않으면 신에게 간절하게 도움을 구하는 기도는 할 수 없을 것이다.

[긍정심리 영화치료]

데스먼드의 신념은 그의 영성에서 나오는 것이었고, 가장 위험하고 힘든 순간에 누구보다 약해 보였던 그를 특별한 존재로 만든 강점이었다. 영성의 강점을 가진 사람은 남과 다른 관점을 가지고 있으며 일관성 있는 신념을 가지고 살아가기 때문에 인생의 역경이나 불행을 극복할 뿐만 아니라 다른 사람들에게 정신적 도움을 줄 수 있다. 이러한 영성은 삶을 의미 있게 만들며 더욱 거룩하고 숭고한 가치를 추구하게 만들므로 마음의 평안을 가져다준다.

영화 속 한 마디

"의무병이 되려고요. 그럼 죽이는 게 아니라 살리는 거니까요."
"전우들을 위해 죽을 각오가 되어있습니다."
"한 명만 더 구하게 해주소서."
"하지만 내 신념에 진실하지 못하면 그런 나 자신과 어떻게 살겠어요? 당신이 나랑 살 수 없는 건 물론이고 당신 눈에 떳떳한 남자가 절대 못 돼요."

영화가 주는 질문과 해결책에 대한 지침

√ 자기 생각 너머 차원에 있는 변하지 않는 진리는 무엇일까?

√ 목숨을 걸고 지키고 싶은 나의 고귀한 가치와 신념은 어떤 것인가?

√ 살아오면서 신의 손길을 느꼈던 적이 있는가? 그때의 기분을 표현
  해 본다면 어떻게 쓸 수 있는가?

√ 자기 인생의 목적은 무엇인가?

√ 자신에게 떳떳하기 위해 지켜야 할 신조는 무엇인가?

# 참고문헌

〈국내 문헌〉


김춘경, 이수연, 이윤주, 정종진, 최웅용(2016), 「상담학 사전」 서울: 학
　　지사.

대니 웨딩, 라이언 니믹 (2011), 「영화 속의 긍정 심리」 백승화 외 역, 서
　　울: 학지사.

마틴 셀리그만 (2014), 「마틴 셀리그만의 긍정심리학」 김인자, 우문식
　　역, 서울: 물푸레.

메리 뱅크스 그레거슨 (2020), 「영화, 심리학과 라이프코칭의 거울」 앤디
　　황, 이신애 역, 서울: 한국코칭수퍼비전아카데미.

미하이 칙센트미하이 (2004) 「몰입」 최인수 역, 서울: 한울림.

우문식 (2017), 「긍정심리학이란 무엇인가」 서울: 물푸레.


〈외국 문헌〉


Berg-Cross, L., Jennings, P., & Baruch, R. (1990). Cinematherapy: Theory
　　and application. Psychotherapy in private practice, 8(1), 135-156.

Berscheid, E. (2006). Searching for the meaning of "love". The new psychology of love, 171.

Compton, William C. (2005). An Introduction to Positive Psychology. USA: Thomson Learning, Inc.

Csikszentmihalyi, M., Abuhamdeh, S., & Nakamura, J. (2005). Flow. Handbook of competence and motivation, 598-608.

Csikszentmihalyi, M., & Csikszentmihalyi, I. (2006). A life worth living: Contributions to positive psychology. New York: Oxford University Press.

Csikszentmihalyi, M., & Hunter, J. (2003). Happiness in everyday life: The uses of

experience sampling. Journal of Happiness Studies, 4, 185-199.

Csikszentmihalyi, M., & Larson, R. (1987). The experience sampling method. Journal of Nervous and Mental Disease, 175, 526-536.

Diener, E. (2000). Subjective well-being: The science of happiness and a proposal for a national index. American psychologist, 55(1), 34.

Emmons, R. A. (2007). Thanks!: How the new science of gratitude can make you happier. Houghton Mifflin Harcourt.

Fitzgerald, P. (1998). Gratitude and justice. Ethics, 109(1), 119-153.

Fredrickson, B. L. (1998). What good are positive emotions?. Review of general psychology, 2(3), 300-319.

Fromm, E. (2000). The art of loving: The centennial edition. A&C Black.

Gardner, H. E. (2008). Multiple intelligences: New horizons in theory and practice. Basic books.

Gillham & Seligman, 1999; Seligman & Czikszentmihalyi, 2000

Goleman, D. (2007). Social intelligence. Random house.

Haidt, J. (2003). The moral emotions.

Lampropoulos, G. K., Kazantzis, N., & Deane, F. P. (2004). Psychologists' Use of Motion Pictures in Clinical Practice. Professional Psychology: Research and Practice, 35(5), 535.

Maslow, 1987, p. 354, original work published 1964

Moneta, G. B., & Csikszentmihalyi, M. (1996). The effect of perceived challenges and skills on the quality of subjective experience. Journal of personality, 64(2), 275-310.

Niemiec, R. M., & Wedding, D. (2013). Positive psychology at the movies: Using films to build virtues and character strengths. Hogrefe Publishing.

Pargament, K. I., & Mahoney, A. (2002). Spirituality: Discovering and conserving the sacred.

Patterson, T. G., & Joseph, S. (2007). Person-centered personality theory: Support from self-determination theory and positive psychology.

Journal of Humanistic Psychology, 47(1), 117-139.

Peterson, C. & Seligman, M. E. P. (2004), Character Strengths and Virtues: A Handbook and Classifcation, New York: Oxford University Press/ Washington, DC: American Psychological Association.

Podsakoff, P. M., MacKenzie, S. B., Paine, J. B., & Bachrach, D. G. (2000). Organizational citizenship behaviors: A critical review of the theoretical and empirical literature and suggestions for future research. Journal of management, 26(3), 513-563.

Richman, L. S., Kubzansky, L., Maselko, J., Kawachi, I., Choo, P., & Bauer, M. (2005). Positive emotion and health: going beyond the negative. Health psychology, 24(4), 422.

Rogers, C. (1961). On Becoming a Person: A Therapist's View of Psychotherapy. London: Constable.

Rogers, C. R. (1966). Client-centered therapy. Washington, DC: American Psychological Association.

Ryan, R. M., & Deci, E. L. (2001). On happiness and human potentials: A review of research on hedonic and eudaimonic well-being. Annual review of psychology, 52(1), 141-166.

Seligman, M. E. P. & Csikszentmihalyi, M. (2000). Positive psychology: An introduction. American Psychologist. 55(1):5-14.

Seligman, M. E. (2002). Positive psychology, positive prevention, and positive therapy. Handbook of positive psychology, 2(2002), 3-12.

Seligman , M. E. P., & Peterson, C. (2003). Positive clinical psychology. In L. G. Aspinwall & U. M. Staudinger, (Eds). A psychology of human strengths: Fundamental

Questions and future directions for a positive psychology (pp. 305–317).

Washington, DC: American Psychological Association.

Seligman, M. E., Steen, T. A., Park, N., & Peterson, C. (2005). Positive psychology progress: empirical validation of interventions. American psychologist, 60(5), 410.

Snyder, C. R., Rand, K. L., & Sigmon, D. R. (2002). Hope theory: A member of the positive psychology family.

Sternberg, R. J. (1985). Beyond IQ: A triarchic theory of human intelligence. CUP Archive.

Sternberg, R. J. (1998). A balance theory of wisdom. Review of general psychology, 2(4), 347-365.

Sturdevant, C. G. (1998). The Laugh & Cry Movei Guide: Using Movies to Help Yourself Through Life's Changes. Lightspheres.

Tangney, J. P. (2002). Humility. Handbook of positive psychology, 411-419.

Wedding, D., Boyd, M. A., & Niemiec, R. (2005). Movies and mental illness: Using films to understand psychotherapy. Gottisgen.

<영화자료>

강대규. (2020). 「담보 Pawn」 [Film]. CJ 엔터테인먼트.

강제규. (2015). 「장수상회 Salut D'Amour」 [Film]. CJ 엔터테인먼트.

김한민. (2014). 「명량 Roaring Currents」 [Film]. CJ 엔터테인먼트.

김현석. (2017). 「아이 캔 스피크 I Can Speak」 [Film]. 롯데엔터테인먼트, 리틀빅픽처스.

나가노, 료타. (2016). 「행복 목욕탕 Her Love Boils Bathwater」 [Film]. 파이프라인.

이장훈. (2020). 「기적 Miracle」 [Film]. 블러썸픽쳐스.

이준익. (2019). 「자산어보 The Book of Fish」 [Film]. ㈜씨네월드.

이한. (2019). 「증인 Innocent Witness」 [Film]. 무비락, 도서관옆스튜디오.

임순례. (2018). 「리틀 포레스트 Little Forest」 [Film]. 메가박스중앙㈜플러스엠.

최국희. (2018). 「국가부도의 날 Default」 [Film]. ㈜영화사집.

최성현. (2017). 「그것만이 내 세상 Keys to the Heart」 [Film]. CJ 엔터테인먼트.

허진호. (2018). 「천문: 하늘에 묻는다 Forbidden Dream」 [Film]. ㈜하이
　　브미디어코프.


Burnett, R. (2016). 「보살핌의 정석 The Fundamentals of Caring」 [Film].
　　Netflix.

Carter, T. (2005). 「코치 카터 Coach Carter」 [Film]. Paramount Pictures.

Eastwood, C. (2016). 「설리: 허드슨강의 기적 Sully」 [Film]. RatPac-Dune
　　Entertainment.

Farrelly, P. (2018). 「그린북 Green Book」 [Film]. Universal Pictures.

Gibson, M. (2016). 「핵소 고지 Hacksaw Ridge」 [Film]. Lionsgate.

McCarthy, T. (2015). 「스포트라이트 Spotlight」 [Film]. Open Road Films.

Melfi, T. (2016). 「히든 피겨스 Hidden Figures」 [Film]. Fox 2000 Pictures,
　　Chernin Entertainment, Levantine Films.

Meyers, N. (2015). 「인턴 The Intern」 [Film]. Warner Bros. Pictures.

Scherfig, L. (2019). 「타인의 친절 The Kindness of Strangers」 [Film].
　　Entertainment One Vertical Entertainment.

Scott, R. (2015). 「마션 The Martian」 [Film]. 20th Century Fox.

Stone, S. (2021). 「더 디그 The Dig」 [Film]. Netflix.

Walsh, A. (2016). 「내 사랑 Maudie」 [Film]. Mongrel Media.

# 영화를 보면 생기는 일

·**초판 1쇄 발행** 2022년 10월 25일

·**지은이** 임연재  앤디황
·**펴낸이** 민상기
·**편집장** 이숙희
·**펴낸곳** 도서출판 드림북
·**인쇄소** 예림인쇄  **제책** 예림바운딩
·**총판** 하늘유통

·**등록번호** 제 65 호 **등록일자** 2002. 11. 25.
·경기도 의정부시 가능1동 639-2(1층)
·Tel (031)829-7722, Fax(031)829-7723